冬小麦化肥减施增效共性技术评价研究

◎ 刘晓英　徐春英　等　著

中国农业科学技术出版社

图书在版编目（CIP）数据

冬小麦化肥减施增效共性技术评价研究 ／ 刘晓英等著. --北京：
中国农业科学技术出版社，2023.11
ISBN 978-7-5116-6286-6

I. ①冬…　Ⅱ. ①刘…　Ⅲ. ①冬小麦–合理施肥　Ⅳ. ①S512.106.2

中国国家版本馆 CIP 数据核字（2023）第 093502 号

责任编辑　于建慧
责任校对　李向荣
责任印制　姜义伟　王思文

出 版 者　中国农业科学技术出版社
　　　　　北京市中关村南大街 12 号　　邮编：100081
电　　话　（010）82109708（编辑室）　　（010）82109702（发行部）
　　　　　（010）82109709（读者服务部）
网　　址　https：//castp.caas.cn
经 销 者　各地新华书店
印 刷 者　北京中科印刷有限公司
开　　本　170 mm×240 mm　1/16
印　　张　12.5
字　　数　232 千字
版　　次　2023 年 11 月第 1 版　　2023 年 11 月第 1 次印刷
定　　价　68.00 元

《冬小麦化肥减施增效共性技术评价研究》

著者名单

主　　著　　刘晓英　徐春英

副 主 著　　田　汇　衣文平　聂胜委　孟　鑫

董　浩　赖　欣

参著人员　（按姓氏笔画排序）

王　辉　朱晓洁　刘杏认　安克锐

许纪东　李　洁　李巧珍　肖　强

何　川　张巧萍　周小薇　孟　炀

钟秀丽　高　媛　雷柯颐　潘秀燕

前　言

　　小麦是我国第二大粮食作物，常年种植面积约 0.237 亿 hm^2，产量超 960 亿 t，均占世界粮食的 1/3，播种面积、总产量、库存量和消费量均居世界首位。黄淮海地区是我国重要的粮食生产基地及小麦重要产区，在保障国家粮食安全方面具有举足轻重的作用。

　　化肥在提高作物产量方面的作用不言而喻，但近年来随着农田化肥施用量持续增加，其对产量的贡献却越来越小。特别是黄淮海麦区，小麦—玉米轮作体系中化肥投入量远高于世界平均水平，但氮肥生产效率全国最低，过量施用与低效是该区小麦生产中存在的普遍问题。长期过量施肥不仅造成资源浪费，生产成本增加，还会引发一系列环境问题。据此，农业部在 2015 年发布《到 2020 年化肥使用量零增长行动方案》，2017 年 7 月，"十三五"国家重点研发计划专项"化学肥料和农药减施增效综合技术研发"启动，河南省农业科学院鲁传涛研究员牵头组织了"黄淮海冬小麦化肥农药减施技术集成研究与示范"项目。该项目下设 8 个课题，其中，中国农业科学院植物保护研究所陈巨莲研究员主持"农药减施增效共性技术与评价方法研究"、中国农业科学院农业环境与可持续发展研究所刘晓英研究员主持"化肥减施增效共性技术与评价方法研究"、河南省农业科学院鲁传涛研究员主持"豫南冬小麦化肥农药减施技术集成研究与示范"、河南农业大学赵鹏教授主持"豫北冬小麦化肥农药减施技术集成研究与示范"、山东农业大学董元杰教授主持"鲁东冬小麦化肥农药减施技术集成研究与示范"、山东省农业科学院植物保护研究所朱立贵研究员主持"鲁西冬小麦化肥农药减施技术集成研究与示范"、河北省农林科学院植物保护研究所孔令晓研究员主持"京津冀冬小麦化肥农药减施技术集成研究与示范"、安徽省农业科学院土壤肥料研究所王道中研究员主持"淮北冬小麦化肥农药减施技术集成研究与示范"。

　　"化肥减施增效共性技术与评价方法研究"项目由中国农业科学院农业环境与可持续发展研究所牵头，组织西北农林科技大学资源环境学院、北京市农林科学院、农业农村部环境保护科研监测所、河南省农业科学院植物营养与资源环境研究所、金正大生态工程集团股份有限公司等多家单位协同合作，针对黄淮海麦区化肥施用过量、施用方式粗放、养分利用率低等问题，以小麦化肥减施增效为核心，围绕冬小麦品种、新型肥料、精准施肥装备、化肥有机替代、化肥农药协同增效等 5 个层面，开展化肥减施与小麦产量、养分利用效率、农田环境质量的相互关系研究，综合评价主要减施技术类型的效果，构建小麦化肥减施增效关键技术模式及规程。

经过 3 年的研究与应用，取得了一系列研究成果：建立了粉垄立式深旋耕、养分高效小麦品种筛选及节肥、小麦减施增效免追肥、化肥有机替代配施等 5 项化肥减施技术；发布实施了小麦/玉米粉垄耕作栽培技术规程、立式旋耕整地技术规程及立式深耕旋耕机企业标准，形成了黄淮海地区冬小麦减施增效免追肥栽培技术规程草案等 3 项；研发的粉垄立式深旋耕技术从改善土壤耕层厚度及结构的物理层面出发，解决了麦田土壤耕层浅薄、结构不良的关键问题；研发的立式旋耕机技术，实现了技术研发、机具研制到推广应用的全产业链有机衔接，为产业化应用提供了技术支撑；研制的控释肥产品，融合了植物油包膜、腐植酸增效、颗粒制备、肥表改性、养分精准控释等多项技术，解决了因肥芯表面粗糙、粒度分布不均等导致的膜材用量大、养分精准控释差等技术难题，产品流化性能提高 6%~11%，包膜均匀度提高 8%，膜材用量降低 50%~60%；建成的专用肥生产线，新增销售收入 41 644.78 万元、利税 4 316.41 万元，为实现小麦化肥减施增效提供了有力支撑；以高遗传多样性的 437 份小麦品种为材料，构建了包含 44 个评价指标、超过 15 万条数据的小麦养分效率指标数据库，初步建立了养分高效小麦评价指标体系，为养分高效小麦的鉴定和筛选提供了科学依据；建设了河南遂平、商水，北京房山、顺义，天津静海，河北三河、大城、隆尧、青县等多个技术示范区，示范面积 1 901 亩，推广辐射 63.2 万亩，实现小麦减施收益 4 247.2 万元。这些研究成果为控制小麦主产区化肥过量施用提供了坚实的技术支撑。为惠及黄淮海麦区的终端用户及相关领域的科学工作者，及时将这些成果梳理凝炼出书，进行广泛宣传与共享，无疑对实现黄淮海地区小麦农业生产的可持续绿色发展具有重要意义。

课题"化肥减施增效共性技术与评价方法研究"实施过程中，得到了大量专家学者的支持，包括河南省农业科学院鲁传涛、田云峰研究员，河南省农业科学院植物营养与资源环境研究所张玉亭研究员，河南省农业农村厅土肥站孙笑梅研究员，遂平县农业科学试验站关东山研究员，中国农业大学崔振岭教授，中国水利水电研究院李久生研究员，北京市农业科学院植物营养与资源研究所赵同科研究员，中国农业科学院作物科学研究所景蕊莲研究员，中国农业科学院农业资源与农业区划研究所白由路、何萍、李桂花研究员，在本书出版之际，对各位专家、课题组全体成员及参与该课题的研究生，一并表示感谢。

本书编写过程中，遵从一般论文的写作格式，从研究背景、研究目标、研究内容、研究方案、研究结果的呈现，直至研究结论及创新点，最后指出了存在的问题并进行展望，以便后续研究者借鉴。全书力求逻辑上简单明了，但由于个人水平有限，难免存在遗漏和不足之处，还请读者批评指正。

刘晓英

2023 年 4 月 30 日

目　　录

第1章 引 言

　　小麦是我国的第二大粮食作物，常年种植面积约 0.237 亿 hm²，产量超 960亿 t，产量和播种面积约占世界粮食的 1/3，播种面积、总产量、库存量和消费量均居世界首位[1-3]。黄淮海平原是我国重要的粮食生产基地及小麦重要产区，在保障国家粮食安全方面有举足轻重的作用。

　　世界农业的发展历程证明，在提高粮食作物产量方面，化肥有着不可替代的作用[4-6]。但近年来，我国农田化肥施用量持续增加，而其对产量的相对贡献率却越来越小[7]。国家统计资料显示，我国农田化肥施用量由 2000 年的 4 146.4万 t持续增加到 2015 年的 6 022.6 万 t，以年均 3% 的速度递增。我国在 20 世纪80—90 年代提出，大部分麦类作物氮肥利用率在 30% 左右，而经过多年的试验研究以及大量资料的总结，目前我国小麦—玉米轮作体系中小麦氮肥的利用率为30%~33%[8]，玉米氮肥利用率为 28% ~ 34%，均低于发达国家 10 ~ 15 个百分点[9]。中国多数麦区普遍存在过量施肥现象[10-14]，黄淮海麦区尤为严重，2009年，该区小麦—玉米轮作体系中化肥投入量 588 kg N/hm² 远高于世界平均水平[15]。目前不论从氮肥偏生产力还是化肥农学效率来看，黄淮海小麦生产区都是最低的，2007 年的水平分别为 17.4 kg/kg 和 4.2 kg/kg[3]，过量施用与低效是该区小麦生产中普遍存在的问题。在河南省调查的 186 农户中仅有 19% 的农户能够达到高产、高效和高收益，20% 的农户高产、高收益但是化肥利用效率却低，41% 的农户处在低产、低效和低收益的状态[16]。长期过量施肥不仅造成资源浪费[17]，农业生产成本增加[18-19]，同时还引发一系列环境问题[20-21]，例如二氧化碳、氧化亚氮、甲烷等农田温室气体排放增加[22]，农田生态系统恶化[23]，地下水硝酸盐含量超标，土壤酸化和板结[24-25]，地表水水体富营养化等[26-27]，严重威胁农田生态环境和人类健康[28-29]。2015 年，农业部发布了《关于打好农业面源污染防治攻坚战的实施意见》，提出了"一控、两减、三基本"的目标，到2020 年实现化肥零增长。开展小麦化肥减施增效技术研究是实现这一目标的根本保障。

如何在化肥减施条件下维持小麦现有产量水平，实现高产高效，核心问题是提高化肥资源的利用效率。国内外大量研究表明，很多技术途径可以实现这一目标。

首先，培育并推广节肥的小麦品种是实现减肥增效的一个有效途径[30]。目前，关于养分效率评价的方法有多个指标。Moll 等[31]认为氮效率包含氮素吸收效率和氮素利用效率两方面，农学效率、回收效率[32]、地上部利用率[33]、养分转移效率[34]、肥料偏生产力[35]等指标也用来评价养分效率。回收效率能很好地反映作物对肥料的吸收状况，农学效率反映了肥料的增产效应，籽粒氮利用率反映了作物吸收的养分转化为籽粒产量的能力，地上部利用率反映了作物吸收的养分转化为植株干重的能力，养分转运效率反映了营养器官中的养分转移到籽粒中的能力。此外，小麦苗期干重、茎叶氮吸收量、成熟期籽粒产量、籽粒氮吸收也可作为氮效率评价指标[36-38]。但也有学者认为，植株穗数、收获指数、开花期和成熟期的氮含量、孕穗期叶面积指数、开花期旗叶面积、叶绿素含量等可以作为小麦氮效率的评价指标[39-40]。

研究表明，不同小麦品种的氮效率存在明显差异[41-42]。Brancowt - Hulmal 等[43]分析了法国 14 个小麦品种的农艺性状，发现新品种的氮素吸收利用能力远高于老品种。张运红等[44]采用盆栽试验对 3 个小麦品种（郑麦 0943、郑麦 7698、郑麦 0856）的氮素利用效率进行研究，发现郑麦 0943 和郑麦 0856 的氮肥回收效率和氮吸收效率显著高于另一个小麦品种郑麦 7698，但是郑麦 0943 的氮肥偏生产力在 3 个小麦中最高，而氮肥农学效率最高的是郑麦 0856。张旭等[40]采用大田试验对 14 个小麦品种的氮效率进行研究，发现不同小麦品种的氮效率差异显著，氮回收效率的变化范围为 40.1% ~ 55.5%，氮农学效率的变化范围为 12.2 ~ 23.4 kg/kg。

不同小麦品种的磷效率同样存在差异。在陕西关中地区的长期定位实验表明，品种演替（20 世纪 80 年代小偃 6 号、90 年代末小偃 22、21 世纪初西农 979）显著提高了磷生理效率[44]，郑麦 0943、郑麦 0856 和郑麦 7698 这 3 个小麦品种中，郑麦 7698 的磷素利用效率、磷肥偏生产力显著高于其他两个小麦品种[45]。郭程瑾等[46]根据不同小麦品种的产量、磷吸收和地上部磷利用率从 68 个小麦品种中筛选出 3 个磷低效品种（Nc37、科遗 26、河农 670）、3 个磷吸收高效品种（81、阿勃、小偃 6 号）和 3 个磷利用高效品种（南大 2419、成都光头、蚂蚱麦）进行田间试验，发现在丰磷条件下磷吸收低效品种地上部磷利用率均值为 830 g/mg，磷吸收高效品种的地上部磷利用率均值为 816 g/mg，两者差异不显著，但均显著低于磷利用高效品种的地上部磷利用率（900 g/mg）。

其次，通过不断研发创新肥料产品，如控释肥料，也是提高化肥资源利用效率的途径之一。与普通肥料相比，控释肥料具有肥效期长、利用率高、不易损失等优点，被誉为 21 世纪的肥料，在近几十年内取得了很大的发展。控释肥料可以在作物生育期间缓慢地释放养分，其养分释放时间和释放量与作物的需肥规律相吻合，能大幅减少肥料损失，提高肥料利用率[47]；同时，由于控释肥料的缓释特性，能够实现作物生育期内一次施肥、接触施肥，减少劳动力投入，是当前肥料领域的发展方向之一，也成为世界上肥料的生产与施用紧密结合的前沿技术[48]。但由于控释肥料的价格较高，为一般普通化肥的 2~8 倍，是造成其不能大面积推广的主要因素。目前，控释肥的用量不足化肥用量的 5%，且主要应用于经济价值较高的花卉、蔬菜、果树等，在粮食作物生产中的应用较少[49]。同时，部分包膜材料难以降解，长期使用会对土壤、环境造成危害。因此，研制高效、廉价和环境友好型的缓（控）释材料已成为目前研究包膜肥料的关键。同时，建立控释肥料优化施用技术，在降低肥料成本的基础上提高肥料利用效率，增加作物产量，也成为当前作物生产中亟须解决的重要技术问题。

再次，通过使用精准施肥设备或借助土壤—作物系统的时间（空间）信息技术来提高土壤供肥及作物需肥的时空匹配度，也能提高肥料利用率。传统的施肥方式是在每个地块内均匀施肥，而精准施肥根据土壤养分等特性将一个地块划分成若干区域，然后针对每个区域的具体情况进行施肥，从而最大程度地发挥耕地和肥料资源的作用[50]。赵士诚等研究[51]指出，精准施肥明显提高小麦产量及氮肥利用率，试验区小麦平均产量比习惯施肥试验区增产 12.2%，氮肥利用率提高5.8%。不同土壤肥力显著影响测土配方施肥的效果，地力越高，小麦实际产量与所设计的目标产量吻合率越高[52]。巫振富[53]的研究表明，精准施肥可以增产冬小麦 11.76% 左右，但针对不同的土壤类型和养分情况施用的化肥并未减少。也有研究指出，精准施肥在与传统施肥相比虽然施肥量不变，但可以增加冬小麦产量，同时还可以减少土壤 N_2O 排放 15.4%[54]。这些研究表明，精准施肥需要同时考虑时间、空间、土壤肥力、作物需求和施肥装备对冬小麦产量、化肥利用率的影响。然而，目前黄淮海地区关于化肥减施量与冬小麦产量关系以及精准施肥装备对小麦产量和肥料利用率的影响均不明确。因此，如何通过冬小麦农田养分情况推荐精准施肥显得尤为重要。

最后，合理利用有机养分资源，采用有机无机相结合、部分替代化肥用量，是实现化肥减量及提高利用率的另一重要途径。已有研究结果表明，有机肥和化肥配施对作物增产效果显著[55]。英国洛桑试验站 100 多年的小麦连作定位试验结果也证明了厩肥和化肥配施可显著增加小麦产量[56]。张建军等[57]的研究表明，发酵有机肥可作为有机氮替代源长期施用，对冬小麦的增产、稳产作用明显，发酵有机肥配施化肥能增加冬小麦的稳产性和丰产性，秸秆还田的增产作用低于发酵有机肥和普通农家肥。杨晓梅等[58]研究表明，施用有机肥能提高土壤有机质、全氮、速效钾和有效磷含量，有机肥、无机肥配施效果显著好于单施无机肥；有机肥、无机肥合理配施对小麦的增产效果显著，土壤残留无机氮较高，氮素的表观损失少。陈欢等[59]32 年的长期定位试验研究结果表明，有机肥和化肥等氮量前 22 年化肥增产效果优于有机肥，之后有机肥处理小麦产量超过化肥处理，且施用有机肥可提高土壤全氮、有机质和速效钾含量，施用化肥可提高速效磷含量。施用有机肥可显著提高有机质含量和降水量较少的西北地区作物的氮肥利用率[60]，也有研究认为有机肥与化肥配施对养分利用率影响较小，甚至降低养分利用率[61]。施肥也是影响农田温室气体 N_2O 排放的重要措施[62]，但是施用无机肥还是有机肥会排放更多的 N_2O 目前尚无定论。林伟等[63]研究表明，在北京潮褐土地区菜地土壤施用有机肥对 N_2O 有良好的减排效果。毕智超等[64]研究表明，在集约化菜地适宜的无机有机肥料配比既能保证蔬菜产量，又能减少 N_2O 排放，不施或施用有机肥比例过高均不利于减少 N_2O 周年排放。因此，有机替代的效果需要进一步研究适宜的氮肥减施和替代比例，同时对于环境的影响也需通过试验进行评价。

此外，从作物、营养依附的土壤载体出发，通过耕作方式或措施的应用，提高土壤的整体功能，例如增加土壤耕层厚度，改善土壤结构和通透性能，进而增强其蓄水、蓄肥能力，促进小麦生长和养分效率的提升，也是实现化肥农药减施增效行之有效的绿色途径。立式旋耕技术是近年来研发的新型农田耕作技术，用动力机械带动立式旋耕机的垂直螺旋钻头直立旋转切磨粉碎土壤，达到深松、旋耕整地效果[65]。钻轴入土深度可达 30~60 cm，能深度打破犁底层，改善土壤结构，机械作业 1 次达到犁地、耙地 2 道作业程序效果，从而实现作物较高的产量[66]。研究表明，粉垄立式旋耕能够增加小麦的穗粒数（约增加 4.4 粒/穗），提高小麦灌浆中后期的光合性能和产量，增产 20% 左右[66-68]；提高春玉米的穗粒数，在灌浆快增期和缓增期平均灌浆速率随耕作深度增加的优势突出，最终增加百粒质量和产量[69]；增加玉米根系的长度、数量以及玉米后期功能叶片的净光合速率，促进玉米根系生长发育，增加产量[70-71]。此外，小麦季粉垄立式旋耕能改善小麦中后期的群体微环境，群体冠层、内地表以及土壤耕层的温度，提高群体内相对湿度，提高抗逆能力[66-68]；能够改善下茬玉米季田间群体的微环境，提高下茬玉米产量[72-73]。

与旋耕和深松相比，粉垄立式旋耕的耕层疏松深厚，利于水分入渗，土壤调蓄水分能力增强，增加了土壤贮水，改善了土壤水分供给[69]，水分利用效率提高，粉垄立式旋耕总耗水量比旋耕和深松减少10%左右[74]；在干旱地区粉垄耕作技术有助于缓解干旱、防止水土流失、改善生态环境[75]。在同等施肥量条件下，与旋耕、翻耕等耕作方式相比，立式旋耕可以提高小麦[66-68]、玉米[69,71]、水稻[76]、木薯[77-79]、大豆[80]、饲草[81]等多种作物产量，改善水稻[76]、鲜薯[77-79]、甘蔗[82]等作物品质，促进根系生长[80]。因此，在保障粮食生产能力的前提下，通过耕作方式或措施的调整，实现化肥农药适量、减量施用，进而提高综合效率，最终达到节肥、节药，肥药协同，生产绿色高效。

综上所述，从冬小麦养分高效品种、新型肥料、精准高效施肥装备、化肥有机替代、化肥农药协同增效等技术途径入手，通过揭示技术与产量、养分利用效率、农田环境质量的相互关系，有望实现小麦化肥减施增效的目标，进而实现小麦农业生产的可持续绿色发展，对黄淮海冬麦区经济、社会和生态环境的多目标协调发展具有重要的现实意义。

第2章　研究目标与内容

2.1　研究目标

针对黄淮海冬麦区化肥施用过量、施用方式粗放、养分利用率低等问题，本书通过揭示冬小麦品种、新型肥料、精准高效施肥装备、化肥有机替代、化肥农药协同增效等技术与产量、资源利用效率、农田环境质量的相互关系，综合评价主要技术类型的减施效果，构建小麦化肥减施增效关键技术模式，为黄淮海冬麦区经济、社会、生态环境的多目标协调发展提供科技支撑。

2.2　研究内容

本研究包括以下5个方面的研究内容。

2.2.1　养分高效冬小麦品种减施增效关键技术评价

主要研究小麦品种农艺性状与养分利用的关系，筛选养分高效冬小麦品种；建立养分高效品种评价指标体系与方法；构建养分高效小麦品种的减施增效关键技术。

2.2.2　新型肥料减施增效关键技术评价

主要研制适宜冬小麦的包膜控释氮肥；明确减施条件下控释氮肥与速效氮肥的适宜配施比例；研发、研制适用于减施的控释专用肥配方；综合评价新型肥料减施增效的效果，构建相应的评价方法与标准。

2.2.3　精准施肥装备减施增效技术评价

主要研究不同减施水平下土壤养分残留负荷、施肥量与小麦产量的关系；明确精准施肥条件下麦田养分分级指标体系和评价方法；明晰适度规模经营下施肥装备对减施增效的贡献，构建相应的评价方法与标准；构建适合于冬麦区小规模经营的精准施肥技术平台。

2.2.4　化肥有机替代减施增效技术评价

主要研究有机替代的类型、比例与氮肥利用率、产量的关系；明晰替代技术对大气环境、土壤环境的影响；确定有机替代措施、环境效应、产量效应的相互关系，建立有效的减施增效评价方法；构建黄淮海冬麦区有机替代技术体系。

2.2.5　化肥农药协同增效减施技术评价

研究主要土壤类型区小麦粉垄耕作技术与化肥农药的协同效应；评价与筛选化肥农药协同增效的粉垄耕作机具；构建适宜主要土壤类型区的小麦立式旋耕耕作技术及配套技术模式。综合评价化肥农药协同的增效潜力，建立相应的评价方法与标准。

整个研究将从小麦养分高效品种、新型肥料、化肥有机替代、精准高效施肥装备、化肥农药增效协同五大技术层面入手，通过农户调查与文献调研、小麦个体与群体试验、室内与田间试验、产量与农田生产环境质量同步测定相结合的方法，运用作物生理学、作物栽培学、植物保护学、农业环境学、农业信息学等多学科交叉的研究手段，揭示五大关键技术对小麦养分利用调节的影响，明确其增效潜力。

本研究总体技术路线见图 2.1。

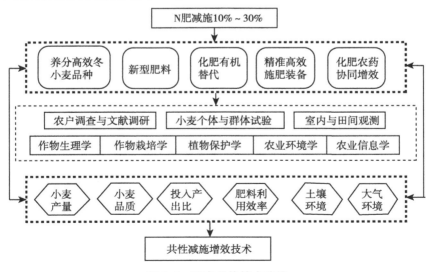

图 2.1　研究总体技术路线

第3章　养分高效冬小麦品种减施增效关键技术评价

3.1　研究方案

3.1.1　不同小麦品种氮磷钾养分效率指标变异规律

3.1.1.1　试验地点及概况

试验于2018—2019年、2019—2020年两个年度冬小麦生长季在陕西杨凌、河南南阳、河南洛阳、江苏宿迁4个地点种植。杨凌（34°43′N，108°10′E），海拔972 m，年均气温约10.5℃，无霜期210 d，年均降水量600 mm左右，降水主要集中在7—9月，属典型的半湿润易旱区，土壤类型为褐土；南阳（32.98°N，112.53°E），年平均气温14.9℃，年平均降水量805.8 mm，无霜期227 d，亚热带季风气候，土壤类型为僵黄土；洛阳（34.62°N，112.45°E），年平均气温14.6℃，年平均降水量614.3 mm，无霜期231 d，温带大陆性季风气候，土壤类型为褐土；宿迁（33.86°N，118.27°E），年平均气温14.2℃，年平均降水量892.3 mm，无霜期为211 d，温带季风气候，土壤类型为潮土。试验点土壤的基本理化性质见表3.1。

表3.1　不同试验点土壤的基本理化性质

生长季	地点	$NO_3^- - N$（mg/kg）	$NH_4^+ - N$（mg/kg）	速效磷 P_2O_5（mg/kg）	速效钾 K_2O（mg/kg）	有机质（g/kg）	pH 值
	洛阳	27.9	0.65	8.47	276.6	38.5	7.84
	南阳	35.6	1.53	21.8	125.5	18.6	5.74
2018—2019年	宿迁	41.0	1.24	15.8	235.3	22.9	7.92
	杨凌	26.7	0.39	9.20	145.5	13.0	8.06

（续表）

生长季	地点	$NO_3^- -N$（mg/kg）	$NH_4^+ -N$（mg/kg）	速效磷 P_2O_5（mg/kg）	速效钾 K_2O（mg/kg）	有机质（g/kg）	pH 值
2019—2020 年	洛阳	8.45	3.80	6.60	238.6	24.8	8.02
	南阳	41.4	5.12	26.1	92.2	17.3	5.21
	宿迁	26.1	1.37	17.0	147.8	12.0	8.25
	杨凌	12.0	1.80	20.7	141.9	13.7	8.50

3.1.1.2　供试材料

选用西北农林科技大学小麦种质资源库中 437 个小麦品种进行试验，这些品种包括国外种质、国内农家种以及 20 世纪 30 年代至 21 世纪 20 年代不同历史时期的人工改良品种等。按不同育成年限这些品种分为：1950 年之前的品种 59 个，1951—1970 年育成的 50 个，1971—1990 年育成的 70 个，1991—2010 年育成的 183 个以及 2010 年以后育成的 32 个；按主栽区域分来自欧洲的有 16 个，来自美洲的有 19 个，来自非洲的有 9 个，来自大洋洲的有 13 个，来自亚洲的有 377 个。在中国五大麦区共选择了 371 个小麦品种，其中，来自黄淮海麦区 208 个，来自长江中下游 46 个，来自西北麦区 80 个，来自西南麦区 35 个，另外还有 2 个来自东北的品种；按有无麦芒分，有芒品种 384 个，无芒品种 53 个。这些品种株高不同，为 61~164 cm（附表 1）。

3.1.1.3　试验设计

试验于 2018—2019 年（年度 1）、2019—2020 年（年度 2）进行，采用随机区组试验设计，每个地点设置 14 个区组，每个区组设置 16 个试验品种、5 个对照品种（周麦 18、偃展 4110、西农 511、济麦 22 和百农 207），用 ACBD-R 软件设计区组及品种的田间小区排列。2018 年和 2019 年 10 月播种，每个小麦品种均匀播种 6 行，行长 3 m，行距 20 cm，沟深 3~5 cm，株距 2.5 cm，两个品种间隔 50 cm。田间日常管理同当地农户一致。用 ACBD-R 软件设计区组及品种的田间小区排列。每个小麦品种均匀播种 6 行，行长 3 m，行距 20 cm，沟深 3~5 cm，株距 2.5 cm，两个品种间隔 50 cm。田间日常管理同当地农户一致。试验点具体管理措施见表 3.2。

3.1.1.4　测试指标与方法

播种前用土钻取 0~20 cm 土层土样，混匀后风干、磨碎，用于测定土壤基本理化性质[83]。用 KCl 溶液浸提—连续流动分析仪测定土壤硝铵态氮，重铬酸钾法测定土壤有机质，$NaHCO_3$ 溶液浸提—连续流动分析仪测定土壤速效钾，醋酸铵溶液浸提—火焰光度计测定土壤速效钾[84]。另外，取 0~1 m 土层土样，混匀后风干、磨碎，用 KCl 溶液浸提—连续流动分析仪测定土壤硝铵态氮，计算土壤供氮量。

在小麦成熟期，从每个品种播种区内，选取中间不断垄的 1 行（3 m 长）以避免边缘效应带来的误差（拿镰刀割取穗部，装入事先编好号的小网袋，晾晒风干后脱粒、称重、烘干计产）。采用盲抽法在每个品种播种区内随机选取 5 个点，每个点随机从小麦根部数出 6 个小麦分蘖，共收获 30 个分蘖，在根茎结合部及穗茎结合部用剪刀剪断，将茎叶与穗分别装袋带回室内准备进行氮含量的测定。样品茎叶及穗风干后，将茎叶剪碎至 1 cm 左右小段，穗进行脱粒，分别收集茎叶、颖壳及籽粒，并将各部分样品转入烘箱中，90℃杀青 30 min，65℃烘至恒重，根据单行产量及盲抽样品籽粒与秸秆、籽粒与颖壳的比值计算小麦茎叶、颖壳的生物量。将烘干后的样品用球磨仪（RETSCHMM400，Germany，氧化锆研磨罐）粉碎，密封于塑封袋中标记备用[85]。

表 3.2　试验区农业管理措施比较　　　　　单位：kg/hm^2

试验地点	试验年度	底肥施用量			追肥施用量	灌溉次数（次）	喷药种类
		N	P_2O_5	K_2O			
宿迁	2018—2019	211.5	60	72	86.3	1	除草剂+杀虫剂
	2019—2020	181.5	112.5	112.5	69	1	除草剂+杀虫剂
洛阳	2018—2019	112.5	112.5	112.5	51.8	2	杀虫剂
	2019—2020	112.5	112.5	112.5	51.8	3	除草剂+杀虫剂
南阳	2018—2019	170.3	101.3	101.3	无	1	除草剂
	2019—2020	192.2	123.8	123.8	无	1	杀虫剂
杨凌	2018—2019	171.9	112.2		无	1	除草剂+杀虫剂
	2019—2020	171.9	112.2		无	1	除草剂+杀虫剂

注：试验区冬小麦播种时间均为 10 月，收获时间为翌年 5—6 月；追施氮肥。

称取籽粒样品 0.200 0 g，茎叶、颖壳 0.250 0 g，用 H_2SO_4（95%）-H_2O_2（优级纯）消解后，全自动连续流动分析仪（AA3，SEAL Analytical，Germany）测定消解液中氮含量[86]。小麦不同器官的养分含量均以烘干重为基数表示。

根据产量、地上部生物量及各部位氮浓度参考 Sedlar 等[87]方法计算相应的氮效率指标。

$$籽粒氮、磷、钾利用效率=\frac{籽粒产量}{地上部氮、磷、钾总吸收量}$$

$$地上部氮、磷、钾利用效率=\frac{地上部总生物量}{地上部氮、磷、钾总吸收量}$$

$$氮、磷、钾吸收效率=\frac{地上部氮总吸收量}{土壤供氮、磷、钾量+施氮、磷、钾量}$$

$$氮磷钾收获指数=\frac{籽粒氮、磷、钾吸收量}{地上部氮、磷、钾总吸收量}$$

3.1.1.5　数据处理及统计分析

使用 EXCEL 2016 进行数据整理，对各氮效率指标使用 R 语言中 augmented-RCBD 包进行增广随机区组设计的方差分析（ANOVA），为控制每个地点不同区组间的差异，当指标存在区组间差异时，根据 augmented-RCBD 包运行结果对其进行矫正。使用 IBM SPSS Statistics 22.0（IBM Corporation，Armonk，NY，USA）进行相关性分析与多重比较（LSD），使用 Origin 2020b 进行作图。

3.1.2　不同氮效率小麦品种最佳氮肥投入差异

3.1.2.1　试验地点及概况

试验分别在陕西咸阳市永寿县御驾宫村和河南省驻马店市遂平县农科所进行。陕西咸阳市永寿县御驾宫村试验点土壤类型为黄绵土，土壤理化性质为：pH值 8.5，有机质为 16.2 g/kg，硝态氮为 9.1 mg/kg，铵态氮为 1.6 mg/kg，速效磷为 11.2 mg/kg，速效钾为 108.2 mg/kg。永寿县属温带大陆性气候，全年总日照时数为 2 166.2 h。总辐射量为 114.77 kcal/cm^2。年均温 10.8℃，无霜期平均为 210 d，年均降水量 578.1~661.3 mm。遂平县试验点土壤类型为砂姜黑土，试点详情见 2.5.1。

3.1.2.2　供试材料

永寿试验点：根据氮肥偏生产力（PFPN）、籽粒氮利用率（GNUE）、氮肥回收效率（RE）和氮肥农学效率（AE）等 4 个指标分别筛选出高效品种 3 个和低效品种 1 个。PFPN 高效品种为长武 6359、隆平 203、晋麦 47，低效品种为良星99；GNUE 高效品种为潍麦 8 号、宿 553、尧麦 16，低效品种为山农 14；RE 高效品种为长旱 58、长武 521、偃展 4110，低效品种为平安 6 号；AE 高效品种为潍麦 68、洛旱 6 号、运旱 22-33，低效品种为西农 3517。

遂平试验点：选用 12 个黄淮海麦区主栽的小麦品种，分别为济麦 22、鲁原 502、烟农 19、山农 28、新麦 32、徐麦 35、矮抗 58、周麦 27、郑麦 9023、遂选 101、洛麦 26 和百农 207。

3.1.2.3　试验设计

永寿试验点：采用裂区试验设计，设置 5 个施肥主处理（0、75 kg/hm²、150 kg/hm²、225 kg/hm²、300 kg/hm²），16 小麦品种为副处理。每个主处理 3 个重复。主处理大小为 8 m×4 m。每个小麦品种种植 6 行，行长为 2 m。小区采用完全随机排列。氮肥以尿素的形式施入，磷肥和钾肥以磷酸二氢钾的形式施入，磷肥和钾肥的施入量分别为 100 kg P_2O_5/hm² 和 65 kg K_2O/hm²。所有的肥料均在播前施入。小麦于每年的 9 月底播种，播量为 120 kg/hm²，行距为 20 cm。小麦生长期间不灌溉，耕作、喷药、除草均按当地农民习惯的管理方式进行。

遂平试验点：采用裂区试验设计，设置 6 个肥料主处理（0、75 kg N/hm²、150 kg N/hm²、225 kg N/hm²、300 kg N/hm²、375 kg N/hm²），12 个小麦品种为副处理。每个主处理 4 个重复，主处理大小为 6 m×18 m。每个小麦品种种植 6 行，每行长 6 m。小区采用完全随机排列。氮肥以尿素的形式施入，磷肥和钾肥以磷酸二铵和氯化钾的形式施入，人工撒施。磷肥施用量为 100 kg/hm²；钾肥施用量为 50 kg K_2O/hm²。所有的肥料均在播前施入。小麦于 2019 年 10 月 25 日播种，播量为 139 kg/hm²，行距为 21 cm。小麦生长期间不灌溉，耕作、喷药、除草均按当地农民习惯的管理方式进行。

3.1.2.4　测试指标与方法

小麦收获、采样方法、产量及养分含量测定同 3.1.1.4。

氮肥偏生产力、农学效率、氮磷肥利用效率按照以下公式计算

$$氮肥偏生产力（kg/kg）= 籽粒产量/氮肥施用量$$

$$氮肥农学效率（kg/kg）=（施肥区籽粒产量–对照区籽粒产量）/施肥量$$

$$氮磷肥利用效率（\%）=（施肥区地上部氮磷累积量–$$
$$对照区地上部氮磷累积量）/施肥量$$

3.1.2.5　数据处理及统计分析

利用单因素方差分析方法分析小麦氮磷效率指标基因型差异，利用 LSD 方法进行多重比较。方差分析和多重比较使用 DPS 数据处理软件。肥料效应方程利用 Sigmaplot 软件进行线性加平台模拟。

3.1.3　品种+配方技术模式对小麦产量和养分效率影响

3.1.3.1　试验地点及概况

试验分别在陕西省咸阳市永寿县御驾宫村和河南省驻马店市遂平县农业科学研究所进行。试验点概况见 3.1.2.1。

3.1.3.2　供试材料

永寿试验点：养分高效小麦品种为潍麦 8 号，常规品种为长武 521。

遂平试验点：养分高效小麦品种为洛麦 26，常规品种为百农 207。

3.1.3.3　试验设计

永寿试验点试验处理包括：①不施肥对照 1 为常规品种（长武 521），不施化肥；②不施肥对照 2 为养分高效品种，不施化肥；③农户模式为常规品种+农户习惯施肥，即 N 220 kg/hm²、P_2O_5 150 kg/hm²、K_2O 100 kg/hm²，全部在播前施入，氮肥为尿素，磷肥为二铵，钾肥为氯化钾；④品种+配方（VF）模式为养分高效品种+配方施肥，即 N 164 kg/hm²，P_2O_5 112 kg/hm²，K_2O 94 kg/hm²。全部以底肥施入。与农户模式相比，VF 模式氮肥施用减少 25.5%，磷肥减少 25.3%，钾肥减少6%。小区面积 4m×19m＝76m²，每个小区重复 3 次，共 12 个小区，完全随机排列。2017 年播种日期为 9 月 30 日，2018 年播种日期为 9 月 28 日。

遂平试验点试验处理包括：①不施肥对照 1 为常规品种百农 207，不施化肥；②不施肥对照 2 为养分高效品种洛麦 26，不施化肥；③农户模式为常规品种+农户习惯施肥 N 270 kg/hm²，P_2O_5 150 kg/hm²，K_2O 100 kg/hm²；④品种+配方（VF）模式为养分高效品种+配方施肥 N 209 kg/hm²，P_2O_5 72kg/hm²，K_2O 72 kg/hm²。与农户模式相比，VF 模式氮肥减少 22.6%，磷肥减少 53%，钾肥减少 28%。

小区面积 18 m×6 m＝108 m²，每个小区重复 3 次，共 12 个小区，完全随机排列。播种日期为 10 月 25 日，机械播种。

3.1.3.4　测试指标与方法

小麦样品采集和收获、养分效率指标计算同 3.1.1.4 和 3.1.2.4。

3.1.3.5　数据处理及统计分析

同 3.1.1.4 和 3.1.2.4。

3.2 研究结果

3.2.1 小麦养分效率评价指标体系的建立

3.2.1.1 不同养分效率评价指标品种间差异

综合 8 个环境，不同小麦品种氮收获指数（NHI）最大为 0.94，最小为 0.30，相差 3 倍多。2019 年南阳平均 NHI 最高，达到 0.85；2020 年南阳、2019 年宿迁以及 2019 年杨凌 3 个环境的平均 NHI 较低，均在 0.7 以下。2020 年南阳和 2019 年杨凌 2 个环境中小麦 NHI 变异较大（表 3.3）。

表 3.3 氮效率指标小麦品种间差异情况

	环境	最大值	最小值	平均值	变异系数
氮收获指数	2019 年洛阳	0.94	0.58	0.82	0.07
	2020 年洛阳	0.89	0.33	0.76	0.10
	2019 年南阳	0.92	0.67	0.85	0.05
	2020 年南阳	0.88	0.36	0.68	0.15
	2019 年宿迁	0.87	0.36	0.69	0.12
	2020 年宿迁	0.91	0.40	0.72	0.10
	2019 年杨凌	0.86	0.30	0.69	0.14
	2020 年杨凌	0.94	0.48	0.78	0.09
籽粒氮 N 利用效率（kg/kg）	2019 年洛阳	79.73	20.00	33.09	0.16
	2020 年洛阳	83.88	17.53	30.52	0.22
	2019 年南阳	49.67	23.58	36.73	0.12
	2020 年南阳	43.72	12.80	30.53	0.18
	2019 年宿迁	39.27	15.74	27.56	0.15
	2020 年宿迁	69.11	13.53	30.35	0.17
	2019 年杨凌	40.63	10.03	29.93	0.19
	2020 年杨凌	45.72	14.25	31.54	0.16
地上部氮 N 利用效率（kg/kg）	2019 年洛阳	175.04	49.46	74.78	0.14
	2020 年洛阳	285.21	55.73	75.86	0.19
	2019 年南阳	111.37	61.81	83.86	0.09
	2020 年南阳	122.43	65.92	89.01	0.11
	2019 年宿迁	89.91	56.83	69.47	0.08
	2020 年宿迁	145.43	49.24	72.10	0.12
	2019 年杨凌	108.14	51.59	68.63	0.09
	2020 年杨凌	136.00	52.47	79.44	0.11

（续表）

环境	最大值	最小值	平均值	变异系数
2019 年洛阳	1.93	0.15	0.93	0.27
2020 年洛阳	3.15	0.30	1.11	0.34
2019 年南阳	1.61	0.30	0.86	0.23
2020 年南阳	1.24	0.10	0.57	0.31
2019 年宿迁	1.24	0.14	0.56	0.32
2020 年宿迁	0.75	0.10	0.36	0.34
2019 年杨凌	2.94	0.21	1.14	0.39
2020 年杨凌	1.51	0.10	0.84	0.29

（左侧纵表头：氮吸收效率（kg/kg））

不同小麦品种籽粒氮利用效率（GNUE）最大为 83.9 kg/kg，最小为 10 kg/kg，相差 8 倍多；平均 GNUE 比较接近，仅 2019 年宿迁稍低；GNUE 变异程度相似。

不同小麦品种地上部氮利用效率（SNUE）最大为 285.2 kg/kg，最小为 49.2 kg/kg，相差 5 倍多；平均 SNUE 在 2019 年宿迁和 2019 年杨凌较低；2020 年洛阳 SNUE 的变异程度较大。

小麦氮吸收效率（NUpE）最大为 3.15 kg/hm²，最小为 0.1 kg/hm²，相差 30 倍多；2019 年洛阳、2020 年洛阳和 2019 年杨凌 3 个环境的平均 NUpE 较高，2020 年宿迁平均 NUpE 最低；8 个环境 NUpE 变异程度相似。

8 个环境小麦磷收获指数（PHI）最小值出现在 2020 年宿迁环境下的小麦中，为 0.34，最大值出现在 2019 年杨凌环境下的小麦中，为 0.98；NHI 的平均值为 0.73~0.9，2019 年洛阳和 2019 年南阳两个环境中的不同小麦品种间 NHI 平均值较其他环境高，2020 年南阳小麦 NHI 平均值最低，比最大值低 18.9%；不同环境的变异系数相差较大，为 0.05~0.14（表 3.4）。

籽粒磷利用效率（GPUE）在 8 个环境不同品种小麦中的范围为 77.02~712.07 kg/kg，2019 年洛阳、2020 年洛阳的 GPUE 相对较高。2020 年南阳 GPUE 平均值最低，2019 年洛阳最高。不同环境中 GPUE 的变异系数为 0.12~0.2。

地上部磷利用效率（SPUE）在 8 个环境中分布差别较大，范围为 361.9~1 970 kg/kg，8 个环境下不同品种小麦 SPUE 最大值是最小值的 1.8~4.2 倍。2019 年洛阳、2020 年洛阳的 SPUE 相对较高。平均值范围为 500~676.3 kg/kg，最小值在出现在 2019 年洛阳，最大值出现在 2020 年洛阳（表 3.4）。

表 3.4　磷效率指标小麦品种间差异情况

	环境	最小值	最大值	平均值	变异系数
磷收获指数	2019 年洛阳	0.71	0.98	0.90	0.05
	2020 年洛阳	0.46	0.95	0.85	0.07
	2019 年南阳	0.62	0.96	0.90	0.05
	2020 年南阳	0.41	0.93	0.73	0.14
	2019 年宿迁	0.44	0.94	0.80	0.09
	2020 年宿迁	0.34	0.93	0.79	0.09
	2019 年杨凌	0.37	0.92	0.80	0.11
	2020 年杨凌	0.53	0.96	0.85	0.07
磷吸收效率 （kg/kg）	2019 年洛阳	0.03	0.36	0.16	0.27
	2020 年洛阳	0.06	0.55	0.21	0.34
	2019 年南阳	0.06	0.38	0.21	0.23
	2020 年南阳	0.02	0.33	0.14	0.34
	2019 年宿迁	0.09	0.63	0.29	0.31
	2020 年宿迁	0.04	0.25	0.12	0.34
	2019 年杨凌	0.04	0.48	0.21	0.38
籽粒磷 P_2O_5 利用效率 （kg/kg）	2019 年洛阳	168.6	701.0	277.7	0.16
	2020 年洛阳	159.9	712.1	270.9	0.20
	2019 年南阳	155.1	345.7	254.1	0.12
	2020 年南阳	90.1	297.7	197.0	0.19
	2019 年宿迁	132.0	294.0	219.8	0.13
	2020 年宿迁	77.00	386.5	209.5	0.16
	2019 年杨凌	92.50	297.6	216.9	0.17
	2020 年杨凌	119.9	375.5	257.2	0.16
地上部磷 P_2O_5 利用效率 （kg/kg）	2019 年洛阳	430.2	1 538.8	629.6	0.16
	2020 年洛阳	469.2	1 970.0	676.3	0.18
	2019 年南阳	403.6	890.0	582.1	0.14
	2020 年南阳	401.6	991.6	575.5	0.16
	2019 年宿迁	412.8	754.3	555.3	0.11
	2020 年宿迁	360.9	813.3	500.4	0.14
	2019 年杨凌	377.4	709.7	500.0	0.11
	2020 年杨凌	446.6	1 159.5	649.2	0.14

小麦 4 个钾效率指标变异情况见表 3.5。综合 8 个环境，小麦钾收获指数（KHI）最高值为 0.59，最低值为 0.01，相差 50 多倍。2020 年洛阳的平均 KHI 较低，其他环境平均 KHI 相差不大。2019 年洛阳和 2019 年宿迁 KHI 变异程度较大。

表 3.5　钾效率指标小麦品种间差异情况

	环境	最大值	最小值	平均值	变异系数
钾收获指数	2019 年洛阳	0.59	0.03	0.14	0.34
	2020 年洛阳	0.25	0.01	0.10	0.28
	2019 年南阳	0.30	0.07	0.15	0.25
	2020 年南阳	0.27	0.06	0.14	0.24
	2019 年宿迁	0.35	0.06	0.15	0.31
	2020 年宿迁	0.46	0.06	0.18	0.29
	2019 年杨凌	0.27	0.05	0.16	0.26
	2020 年杨凌	0.39	0.01	0.16	0.26
籽粒钾 K_2O 利用效率（kg/kg）	2019 年洛阳	181.40	17.16	40.33	0.37
	2020 年洛阳	50.78	11.41	28.56	0.26
	2019 年南阳	87.20	15.73	37.50	0.26
	2020 年南阳	55.40	10.70	29.13	0.25
	2019 年宿迁	74.40	13.83	35.82	0.29
	2020 年宿迁	122.12	13.29	42.32	0.33
	2019 年杨凌	62.10	8.40	34.81	0.30
	2020 年杨凌	112.77	17.82	45.74	0.26
地上部钾 K_2O 利用效率（kg/kg）	2019 年洛阳	395.09	52.62	90.83	0.35
	2020 年洛阳	115.24	45.09	69.76	0.16
	2019 年南阳	210.93	56.92	85.65	0.26
	2020 年南阳	121.74	51.51	83.81	0.13
	2019 年宿迁	164.47	54.22	88.82	0.19
	2020 年宿迁	307.10	49.20	99.58	0.27
	2019 年杨凌	114.45	44.80	78.28	0.18
	2020 年杨凌	279.28	67.82	114.50	0.20

（续表）

环境	最大值	最小值	平均值	变异系数
2019 年洛阳	0.64	0.03	0.22	0.41
2020 年洛阳	1.28	0.09	0.40	0.43
2019 年南阳	1.16	0.12	0.59	0.30
2020 年南阳	1.49	0.07	0.55	0.36
2019 年宿迁	0.86	0.06	0.30	0.41
2020 年宿迁	0.42	0.02	0.15	0.43
2019 年杨凌	1.25	0.06	0.41	0.47
2020 年杨凌	0.53	0.03	0.25	0.36

（表格最左侧第一列为跨行单元格：钾吸收效率（kg/kg））

小麦籽粒钾利用效率（GKUE）最高出现在 2019 年洛阳，最低出现在 2019 年杨凌，两者相差 20 多倍。2019 年洛阳、2020 年宿迁和 2020 年杨凌平均 GKUE 较高，2020 年洛阳和 2020 年南阳平均 GKUE 较低。

小麦地上部钾利用效率（SKUE）最高出现在 2019 年洛阳，最低出现在 2019 年杨凌，两者相差近 9 倍。2020 年杨凌平均 SKUE 较高，2020 年洛阳和 2019 年杨凌平均 SKUE 较低。除 2019 年洛阳 SKUE 变异较大外，其他环境 SKUE 变异程度相近。

小麦钾吸收效率（KUpE）最高出现在 2020 年南阳，最低出现在 2020 年宿迁，两者相差 70 多倍。2019 年南阳和 2020 年南阳小麦平均 KUpE 最高，2020 年宿迁平均 KUpE 最低。

3.2.1.2 小麦养分效率评价指标间的相关性

4 个氮效率评价指标间，NHI 与 GNUE 间的相关性受环境因素影响较大，不能得出一致性结论；NHI 与 NUpE、SNUE 间显著负相关，GNUE 与 SNUE 间显著正相关，与 NUpE 间显著负相关；SNUE 与 NUpE 间无一致相关性。4 个氮效率评价指标间的相关性均属于中等或弱相关（$r<0.8$）。

4 个磷效率评价指标间，PHI 与 GPUE 无一致相关性；与 SPUE、PUpE 显著负相关；GPUE 与 SPUE 显著正相关，与 PUpE 显著负相关；SPUE 与 PUpE 显著负相关。4 个氮效率评价指标间的相关性也均属于中等或弱相关。

4 个钾效率评价指标间，KHI 与 GKUE 高度正相关，与 SKUE 显著正相关，与 KUpE 显著负相关；GKUE 与 SKUE 高度正相关，与 KUpE 显著负相关；SKUE 与 KUpE 显著负相关。因此，KHI、GKUE 和 SKUE 之间两两高度正相关，3 个指标可以用其中 1 个替代，也就是说，增加钾向籽粒中的转移效率，可以同时提高小麦的钾利用效率。

NHI 与 PHI 高度正相关，与 KHI 中度正相关；GNUE 与 GPUE 高度正相关，与 GKUE 中低程度正相关；SNUE 与 SPUE 高度正相关，与 SKUE 中低程度正相关；NUpE 与 PUpE 高度正相关，与 SKUE 中高等程度正相关。这些结果表明，小麦氮磷不论在吸收效率还是利用效率间均高度正相关，提高了氮效率同时也意味着提高了磷效率。小麦氮磷效率与钾效率间也存在显著正相关性，但属于中低程度相关，提高氮磷效率有益于钾效率的提高。

小麦养分效率评价指标与秸秆、颖壳养分浓度、养分吸收量间也存在很多相关性，但绝大多数均属于中度或轻度相关。小麦氮、磷吸收效率与产量、籽粒氮磷吸收量、地上部总干重等指标高度正相关，因此，氮磷吸收效率可以用小麦产量来代替。小麦钾吸收效率与秸秆钾吸收量高度正相关，因此，秸秆钾吸收可以用来表征小麦钾吸收效率。

研究发现，小麦籽粒养分浓度尽管与养分效率指标间有显著相关性，但均属于中低程度相关，因此，很难根据籽粒养分浓度来判断养分效率高低（附表 2）。

3.2.1.3　小麦养分效率评价指标体系的建立

综上所述，小麦氮磷效率高度相关，因此，可用小麦氮效率指标来间接评价小麦磷效率。小麦氮磷吸收效率可以用小麦产量来评价。NHI 用来评价小麦氮转移效率，GNUE 和 SNUE 这两个指标都可以用来评价小麦的氮利用效率，但 GNUE 跟产量的关系更为密切。

小麦钾效率需要单独评价。在小麦钾效率评价指标中，钾收获指数（KHI）和秸秆钾吸收（STKU）两个指标即可代表小麦钾利用效率和吸收效率。

利用 8 个环境每个养分效率评价指标近 3 500 个数据，绘制直方图，根据直方图观察各养分效率评价指标的分布规律，以直方图上出现明显下降的数值区间作为养分高效小麦的筛选标准（图 3.1、表 3.6）。

3.2.2　养分高效小麦品种的筛选

3.2.2.1　氮磷高效小麦品种的筛选

根据 3.2.1 的研究结果，小麦产量即可代表小麦氮磷吸收效率，因此，关于氮磷吸收高效小麦的筛选原则为半数及以上环境中产量均高于 7 500 kg/hm² 的小麦品种。这样的小麦品种有：矮粒多、百农 3217、川麦 104、泛麦 8 号、国麦

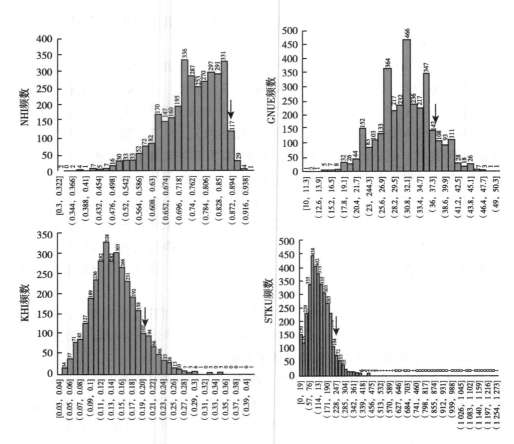

图 3.1 典型养分效率评价指标的数据分布

301、衡 136、怀川 916、鲁原 502、洛旱 1 号、绵阳 26、内乡 185、濮麦 9 号、普冰 202、山农 14、陕麦 139、太空 6 号、西农 528、西农 899、襄麦 25、新福麦 1 号、鑫麦 8 号、兴资 9104、宿 553、烟农 0428、烟农 836、扬麦 158、阳光 851、益科麦 1506、豫麦 58、长旱 58、郑麦 151、郑麦 1860、郑麦 7698、中洛 08-2、中优 206、中优 9507、周麦 16、淄麦 12 号，共 38 个品种。

表 3.6 小麦养分效率评价指标体系

养分高效品种类型	评价指标	高效品种筛选标准
氮/磷吸收高效	产量	≥7 500 kg/hm²
氮/磷再利用高效	氮收获指数（NHI）	NHI≥0.87，且产量≥7 500 kg/hm²
氮/磷利用高效	籽粒氮利用效率（GNUE）	GNUE≥36 kg/kg，且产量≥7 500 kg/hm²

（续表）

养分高效品种类型	评价指标	高效品种筛选标准
钾利用高效	钾收获指数（KHI）	KHI≥0.19，且产量≥7 500 kg/hm²
钾吸收高效	秸秆钾吸收（STKU）	STKU≥209 kg/hm²

注：以上评价指标标准的前提条件是施肥量不高于当地农业部门推荐施肥量，且需至少 3 个以上不同环境重复数据。

氮磷再利用高效小麦品种筛选标准见表 3.6。两个以上环境中 NHI 均高于 0.87，且产量能够达到 7 500 kg/hm² 的小麦品种有：Hyden、Kosutka、旱选 3 号、衡观 35、淮麦 18、济麦 3 号、晋麦 31、晋麦 54、晋麦 90、京 771、良星 77、陇春 8 号、洛旱 8 号、南大 2419、濮麦 9 号、新麦 16、豫麦 70、长麦 251、镇麦 6 号、中麦 578、中优 9507、中育 9398、周 8425B、淄麦 12 号、蚂蚱麦、内麦 11、山农 205、西安 8 号、西风、小偃 81、信阳 12、郑农 17，共 32 个品种。

氮磷利用高效小麦品种筛选标准见表 3.6。4 个以上环境中均达到筛选标准的小麦品种有：Fielder、百农 791、川麦 104、川麦 42、衡 4399、衡观 35、华麦 5 号、济麦 22、济麦 43、济宁 13、冀麦 38、晋麦 31、鲁原 301、洛旱 8 号、宁麦 9 号、濮麦 9 号、瑞华麦 518、瑞华麦 520、苏麦 188、太空 6 号、皖麦 68、西风、西农 1376、西农 509、西农 979、新冬 20、新麦 16、鑫麦 8 号、烟农 0428、烟农 5158、烟农 836、扬麦 18、豫教 5 号、豫麦 70、运旱 22-33、运旱 719、郑麦 9405、中麦 175，共 38 个品种。

3.2.2.2　钾高效小麦品种的筛选

（1）利用钾收获指数来筛选钾利用高效小麦品种　4 个以上环境中均达到筛选标准的小麦品种有：Bodycek、Gaboto、川麦 104、衡观 35、华麦 5 号、济麦 22、绵阳 31、内麦 11、内麦 836、苏麦 6 号、西农 1376、西农 511、西农 528、兴资 9104、豫教 5 号、豫麦 70、浙麦 1 号、郑麦 9405、周麦 18，共 19 个品种。

（2）利用钾吸收效率来筛选钾吸收高效小麦品种　4 个以上环境中均达到筛选标准的小麦品种仅有 Matylda、川麦 22、丰抗 8 号、灰毛阿夫、平阳 181 等 5 个品种；3 个以上环境中均达到筛选标准的小麦品种还有 Bohemia、Sunelg、宝农 8865、曹选 5 号、东方红 3 号、鄂麦 6 号、衡 136、怀川 916、淮麦 20、济麦 60、济南 9 号、聊麦 16 号、鲁麦 21、洛旱 1 号、普冰 202、苏麦 3 号、烟农 15、阳光 851、益科麦 1506、运旱 20410、运旱 719、长旱 58、中优 9507 等 23 个品种。

3.2.2.3 养分高效小麦品种综合鉴定

3.2.2.1 和 3.2.2.2 的结果表明，氮磷钾吸收均高效的小麦品种为怀川 916、洛旱 1 号、阳光 851、普冰 202、益科麦 1506、长旱 58、中优 9507，共 7 个品种；氮磷钾利用均高效的小麦品种为川麦 104、衡观 35、华麦 5 号、济麦 22、豫教 5 号、豫麦 70、郑麦 9405，共 7 个品种；氮磷钾再利用均高效的小麦品种为衡观 35、内麦 11；氮磷吸收、再利用、利用均高效的小麦品种为濮麦 9；氮磷吸收和利用均高效的小麦品种为川麦 104、太空 6 号、兴资 9104 等 3 个品种。

3.2.3 养分高效小麦品种的节肥效果评价

通过以上研究分析建立了养分高效小麦品种的筛选指标体系，然而，用这个指标体系筛选出来的小麦品种是否能够真正节省肥料投入，尚不明确。在河南遂平，12 个小麦品种中，除钾吸收效率指标外，洛麦 26 的氮吸收效率、氮再利用效率、籽粒利用效率和钾收获指数均达到养分高效小麦标准。而济麦 22、烟农 19、山农 28、周麦 27 各养分效率指标均未达到养分高效小麦品种标准（表 3.7）。

表 3.7　2019—2020 年河南遂平 12 个小麦品种养分效率指标

品种	产量 （kg/hm²）	氮收获指数	籽粒氮利用 效率（kg/kg）	钾收获指数	秸秆钾吸收 （kg/hm²）
济麦 22	6 650.6 f	0.85 abc	34.3 bcde	0.18 def	117.8 b
鲁原 502	6 991.4 def	0.84 abcde	32.9 cde	0.19 cdef	129.8 ab
烟农 19	7 211.2 cd	0.84 abcde	31.5 de	0.17 fg	130.5 ab
山农 28	7 074.0 cd	0.83 bcde	34.8 bcd	0.18 ef	129.8 ab
新麦 32	7 035.7 cde	0.87 a	31.5 e	0.16 g	129.9 ab
徐麦 35	8 339.6 a	0.82 bcde	36.4 b	0.21 b	186.8 ab
矮抗 58	6 898.9 def	0.83 cde	34.5 bcde	0.19 cde	123.7 ab
周麦 27	7 381.8 bc	0.85 abc	34.7 bcde	0.18 def	126.6 ab
郑麦 9023	6 684.5 ef	0.82 de	36.2 bc	0.20 cd	120.5 b
遂选 101	8 234.3 a	0.85 abcd	40.0 a	0.24 a	206.6 a
洛麦 26	8 119.0 a	0.87 ab	42.2 a	0.23 ab	117.0 b
百农 207	7 598.5 b	0.82 e	34.0 bcde	0.20 c	130.4 ab

养分高效小麦品种洛麦 26 的氮肥偏生产力和磷肥利用效率显著高于周麦 27、烟农 19、济麦 22 和山农 28 等 4 个品种。洛麦 26 的氮肥偏生产力较周麦 27、烟农 19、济麦 22 和山农 28 分别高出 9.25%、15.5%、17.2% 和 18.3%；磷肥利用率是山农 28 的近 3 倍，是济麦 22 的近 6 倍；洛麦 26 的氮肥农学效率与其他 4 个品种无显著差异；洛麦 26 的氮肥利用效率低于烟农 19，但与其他 3 个小麦品种相比无显著差异（表 3.8）。

表 3.8　养分高效品种洛麦 26 与其他品种的肥料效率

品种	氮肥偏生产力	氮肥农学效率	氮肥利用效率	磷肥利用效率
洛麦 26	48.4 a	1.53 ab	17.5 bc	7.15 a
周麦 27	44.3 b	1.82 ab	13.3 c	-0.54 c
烟农 19	41.9 bc	2.86 a	31.2 a	2.70 b
济麦 22	41.3 bc	1.65 ab	12.7 c	1.39 bc
山农 28	40.9 c	-0.5 b	23.0 ab	2.83 b

产量—氮肥响应曲线表明，即使不施氮肥，洛麦 26 的产量也高于施氮肥 375 kg/hm^2 时济麦 22 和周麦 27 的产量；施氮肥 150 kg/hm^2 时，洛麦 26 的产量已经高于烟农 19 和山农 28 在施氮量为 375 kg/hm^2 时的产量，氮肥投入节省 1 倍多。因此，相对于这 4 个小麦品种，养分高效小麦品种洛麦 26 明显节省了氮肥投入（图 3.2）。这些结果说明，利用 3.1.3 建立的养分高效小麦品种能够在大田中提高肥料利用效率。

3.2.4　氮肥偏生产力、回收效率、农学效率在评价氮高效小麦中的作用

3.2.1 至 3.2.3 的研究重点关注了养分效率，而不是肥料效率。氮肥偏生产力（PFPN）、氮肥回收效率（RE）以及农学效率（AE）属于肥料利用效率，也是常用的指标。因此，陕西渭北旱地开展了为期 2 年的大田试验，结果总结如下。

3.2.4.1　不同小麦品种的氮效率

养分高效小麦品种的 PFPN、GNUE、RE 和 AE 等氮效率指标在两个生长季均显著高于养分低效小麦品种（表 3.9）。两个生长季中，施氮显著降低了 4 个氮效

率指标。总体上看，2019 年小麦氮效率指标显著低于 2018 年（表 3.9）。

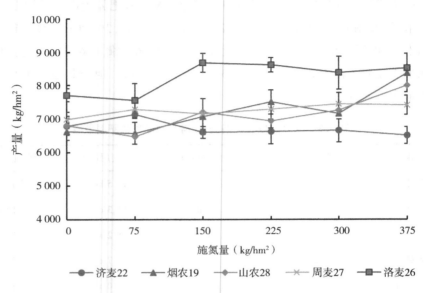

图 3.2　不同小麦品种产量氮肥响应曲线

3.2.4.2　氮高效小麦品种的节肥效果

两个生长季，16 个小麦品种的产量和氮肥施用量之间均符合线性平台模型。与不施氮肥相比，施氮均显著增加了小麦产量。总体上看，2019 年小麦产量显著低于 2018 年。

2017—2018 年，对于 3 个 PFPN 高效小麦品种（长 6359、晋麦 47、隆平203）来说，最高产量的最佳施氮量在 92.8~206.9 kg/hm²，但对于 PFPN 低效小麦（良星 99）来说，最高产量施氮量高达 232.4 kg/hm²。要达到良星 99 的最高产量，3 个高效小麦品种只需要投入氮肥 45.8~65.5 kg/hm²，可分别节省氮肥投入 73.4%、71.8% 和 80.3%。2018—2019 年，与氮低效小麦良星 99 相比，长6359 和隆平 203 需要更少的氮肥来达到其最高产量。虽然晋麦 47 的最高产量施氮量高于良星 99，但其最高产量也高于良星 99。要达到良星 99 的最高产量，3个高效小麦品种只需投入 47.4 kg/hm²、81.8 kg/hm² 和 50.3 kg/hm² 的氮肥，比低效品种分别节省氮肥 49.0%、11.9% 和 45.9%（图 3.3）。

2017—2018 年，对于 3 个 GNUE 高效的小麦品种（潍麦 8 号、尧麦 16、宿553）来说，最高产量的最佳施氮量在 168.8~253.2 kg/hm²，但对于 GNUE 低效小麦（山农 14）来说，最高产量施氮量高达 262.2 kg/hm²。要达到山农 14 的最

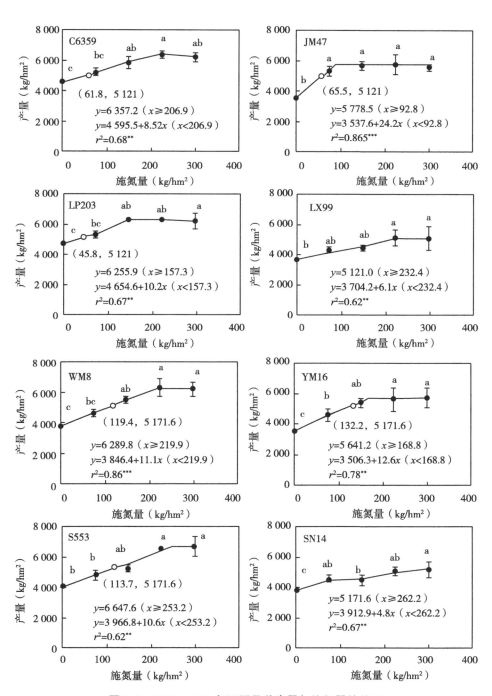

图 3.3　2017—2018 年不同品种产量与施氮量的关系

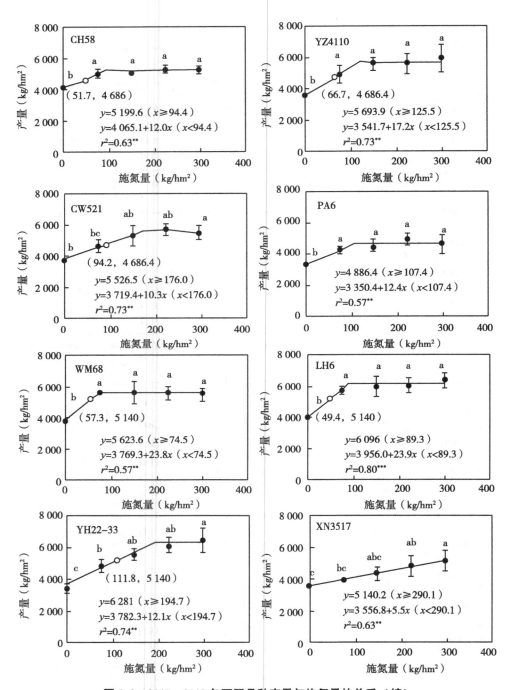

图3.3　2017—2018年不同品种产量与施氮量的关系（续）

高产量，3 个高效小麦品种只需要投入氮肥 113.7～132.2 kg/hm²，可分别节省氮肥投入 54.4%、49.6% 和 56.6%（图 3.3）。2018—2019 年，3 个 GNUE 高效小麦品种最高产量的最佳施氮量为 134.2～234.1 kg/hm²，然而，山农 14 的最高产量施氮量仅为 43.8 kg/hm²。潍麦 8 号与山农 14 有相似的最高产量，但却需要更多的氮肥投入来达到其最高产量（图 3.4）。

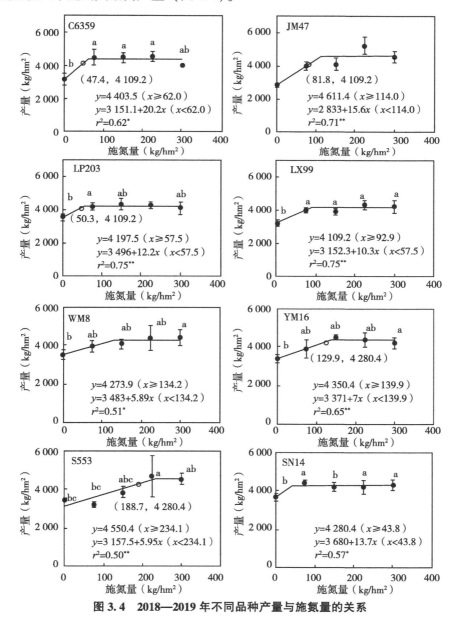

图 3.4　2018—2019 年不同品种产量与施氮量的关系

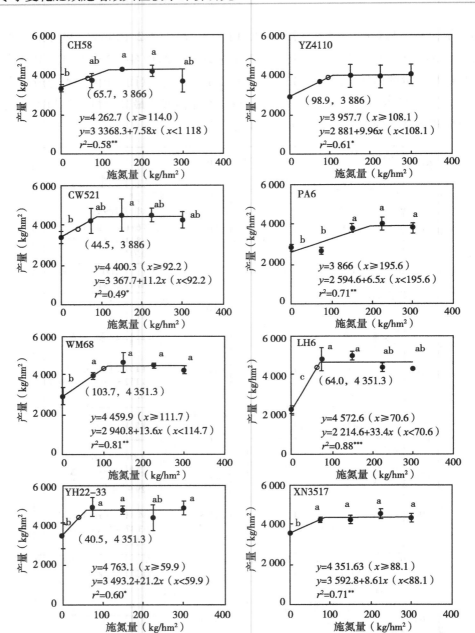

图 3.4 2018—2019 年不同品种产量与施氮量的关系 (续)

2017—2018 年，对于 3 个 RE 高效的小麦品种（长旱 58、偃展 4110、长武 521）来说，最高产量的最佳施氮量在 94.4~176.0 kg/hm²，但对于 GNUE 低较小麦（平安 6 号）来说，最高产量施氮量高达 104 kg/hm²。要达到平安 6 号的最高

表3.9　不同氮水平下氮高效小麦与氮低效小麦的氮肥偏生产力（PFPN）、籽粒氮效率（GNUE）、氮肥回收率（RE）和农学效率（AE）

指标	品种	2018年						2019年					
		N0	N75	N150	N225	N300	Mean	N0	N75	N150	N225	N300	Mean
PFPN (kg/kg)	C6359	-	70.3a	39.0a	28.8a	20.8a	39.7A	-	43.4a	21.2a	12.0b	8.42a	19.3A
	JM47	-	71.3a	37.9a	25.7a	18.6a	38.4A	-	39.5a	15.7b	19.0a	9.34a	19.2A
	LP203	-	70.9a	41.6a	28.0a	20.7a	40.3A	-	40.8a	15.9b	11.4b	8.74a	17.2A
	LX99	-	56.9b	29.8b	22.8a	17.1a	31.6B	-	14.6b	18.7ab	11.5b	9.34a	13.4B
GNUE (kg/kg)	47.5a	39.7a	41.1a	42.4a	36.2a	41.4A		51.2a	33.2a	32.9a	37.9a	30.2a	36.3A
	YM16	47.4a	39.5a	36.4b	36.6a	36.8a	39.3B	49.5ab	34.7a	29.5b	33.6b	30.6a	35.7A
	S553	41.9b	39.9a	37.5b	40.3b	35.4a	39.0B	47.5b	32.7ab	32.0ab	32.8b	29.1a	35.2A
	SN14	36.5c	34.2b	29.8c	27.9c	29.3b	31.5C	47.8b	29.9b	25.0c	31.8b	28.5a	31.7b
RE (%)	CH58	-	57.4a	41.6a	32.8ab	34.5a	41.6A	-	52.2a	22.5	19.6a	13.6a	26.6B
	YZ4110	-	36.0b	37.2a	38.5a	28.6a	35.1A	-	53.6a	31.1a	24.8a	16.9a	34.6A
	CW521	-	33.5b	43.4a	23.5ab	35.6a	34.0A	-	65.9a	19.0a	15.6a	13.6a	29.2AB
	PA6	-	23.9c	31.6a	20.7b	21.3a	24.4B	-	9.58b	16.6a	12.8a	2.38b	11.2C
AE (kg/kg)	LH6	-	14.9ab	5.03ab	8.34a	7.75a	9.01A	-	23.8a	9.76a	5.21a	3.58a	9.38A
	WM68	-	18.7a	9.58a	6.42a	8.89a	10.9A	-	5.17b	5.40ab	2.00ab	0.82ab	3.58BC
	YH22-33	-	9.66b	8.86ab	8.34a	7.28a	8.54A	-	17.8a	2.17ab	2.68ab	1.05ab	5.8AB
	XN3517	-	0.12c	2.55b	3.30b	6.51a	3.12B	-	1.88b	1.91b	0.29b	0.07b	1.05C

产量，3个高效小麦品种可分别少投入氮肥51.9%、37.9%和2.3%（图3.3）。2018—2019年，3个RE高效小麦品种最高产量的最佳施氮量均明显低于低效品种。要达到平安6号的产量，3个高效品种可节省氮肥投入66.4%、49.4%和77.2%（图3.4）。

2017—2018年，3个AE高效的小麦品种（潍麦68、洛旱6号、运旱22-33）的最高产量施氮量均低于AE低效小麦西农3517。要达到西农3517的最高产量，3个高效小麦品种可分别节省氮肥80.2%、83.0%和61.5%（图3.4）。2018—2019年，两个AE高效品种洛旱6号和运旱22-33的最高产量施氮量低于低效品种。要达到西农3517的最高产量，2个高效小麦品种可分别节省氮肥27.3%和54%。然而，与低效品种相比，潍麦68并不节肥（图3.4）。

总体来看，2017—2018年PFPN、GNUE、RE、AE高效的小麦品种平均最佳氮肥投入量均无显著差异。2018—2019年，PFPN高效和AE高效的小麦品种的最佳氮肥投入量显著较低，因此，PFPN和AE高效的小麦品种相比其他两个指标高效的小麦品种更为节肥（表3.10）。

表3.10　不同氮高效小麦品种平均最佳施肥量

小麦品种组别	2018年		2019年	
	最佳施氮量	最高产量	最佳施氮量	最高产量
PFPN高效	152.3 ± 57.2 a	6 130.5 ± 309 ab	77.8 ± 31.3 b	4404.1 ± 207 ab
GNUE高效	214.0 ± 42.5 a	6 192.9 ± 510 a	169.4 ± 56.1 a	4 391.6 ± 143 ab
RE高效	132.0 ± 41.2 a	5 473.2 ± 251 b	110.8 ± 20.1 ab	4 206.9 ± 227 b
AE高效	119.5 ± 65.5 a	6 000.2 ± 339 ab	79.5 ± 25.3 b	4 598.5 ± 153 a

注：$n=3$。PFP$_N$高效组：长6359、晋麦47、隆平203；GNUE高效组：潍麦8、尧麦16和宿553；RE高效组：长旱58、偃展4110、长武521；AE高效组：潍麦68、洛旱6和运旱22-33。

3.2.5　品种+配方模式减肥增效增收效果评价

3.2.5.1　在减肥的前提下实现了稳产

不论是2018年还是2019年，与对照相比，陕西永寿农户模式和品种+配方模式均显著提高了小麦产量。品种配方模式小麦产量与农户模式相比没有显著差异，表明在减少肥料施用的前提下，品种配方模式实现了小麦的稳产。从平均值上看，2018年品种配方模式比农户模式提高了12.3%，2019年提高了8.2%（图3.5）。

2019—2020年生长季，河南遂平试验点品种+VF模式小麦产量显著高于对照处理、农户模式，这表明在氮肥减少 22.6%，磷肥减少 53%，钾肥减少 28% 的前提下，品种+配方模式仍然实现了小麦增产。从均值上来看，品种+配方模式比农户习惯模式增产 18.8%。

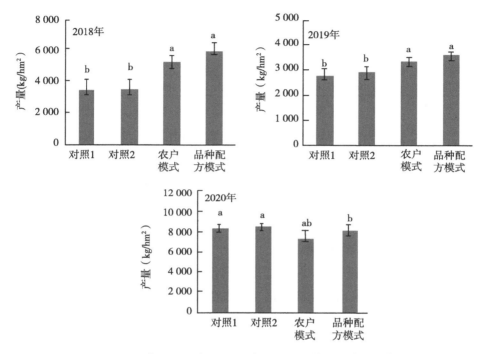

图 3.5　2018 年、2019 年和 2020 年不同处理模式下的小麦产量

注：对照 1：当地品种，不施肥；对照 2：养分高效品种，不施肥。

3.2.5.2　提高了小麦肥料效率

2017—2018 年，品种配方模式氮磷肥利用率均显著高于农户模式，而钾肥利用率两个模式之间无显著差异。氮磷钾肥农学效率在两个模式之间均无显著差异。品种配方模式的氮磷钾偏生产力均显著高于农户模式（表 3.11）。

表 3.11　农户模式和品种配方模式氮磷钾肥回收率

肥料效率	2018 年		2019 年		2020 年	
	农户模式	品种配方模式	农户模式	品种配方模式	农户模式	品种配方模式
氮肥回收率（%）	15.7±0.9b	30.1±1.8a	15.0±4.0b	30.8±0.4a	25.2±3.6a	34.9±4.8a
磷肥回收率（%）	1.05±0.19b	2.91±1.03a	0.60±0.72a	1.80±1.69a	0	8.56±1.2
钾肥回收率（%）	25.8±16.4b	33.7±9.4a	5.25±2.26a	8.01±6.19a	0	34.5±9.5
氮肥农学效率（%）	8.96±4.1a	15.2±6.3a	2.93±0.9a	4.88±1.2a	0	4.37±2.6

（续表）

肥料效率	2018 年		2019 年		2020 年	
	农户模式	品种配方模式	农户模式	品种配方模式	农户模式	品种配方模式
磷肥农学效率（%）	13.1±6.0a	22.2±9.3a	4.30±1.3a	7.14±1.8a	0	6.55±3.9
钾肥农学效率（%）	19.7±9.0a	26.4±11.0a	6.46±1.9a	8.50±2.1a	0	13.1±7.8
氮肥偏生产力（kg/kg）	25.6±1.5b	38.6±3.3a	18.2±0.5a	26.5±0.6a	19.5±0.7b	55.8±2.6a
磷肥偏生产力（kg/kg）	37.6±2.2b	56.5±4.8a	26.8±0.7b	38.8±0.9a	73.1±2.8b	86.8±3.3a
钾肥偏生产力（kg/kg）	56.4±3.2b	67.3±5.7a	40.1±1.1b	46.2±1.0a	146.2±5.6b	173.7±6.5a

2019 年，品种配方模式的氮肥回收率、磷肥偏生产力、钾肥偏生产力显著高于农户模式，而其他肥料效率指标由于变异较大，统计不显著（表 3.11）。2020年，河南遂平试验点品种配方模式的肥料偏生产力显著高于农户模式。氮肥回收率尽管由于变异较大，统计不显著，品种配方模式的氮肥回收率在均值上提高了38.5%。磷肥和钾肥利用率以及肥料农学效率品种配方模式也高于农户模式。

3.2.5.3 提高了经济效益

不论是 2018 年还是 2019 年，农户模式和品种配方模式的经济效益均显著高于对照模式；品种配方模式的经济效益与农户模式相比没有显著差异。从平均值上看，2018 年品种配方经济效益较农户模式提高 12%，2019 年提高 6.8%（图 3.6）。

2019—2020 年生长季，河南遂平试验点品种+VF 模式的经济效益显著低于对照，但与农户模式相比无显著差异。从均值上来看，品种+配方模式比农户习惯模式增收 8.24%。

3.2.6 本章小结

利用 437 个高遗传多样性小麦材料，在河南南阳、河南洛阳、江苏宿迁、陕西杨陵 4 个地点进行了连续 2 年共 8 个环境的大田试验，测定了小麦氮、磷、钾养分吸收效率和利用效率指标，在综合分析养分效率评价指标变异规律的基础上，建立了养分高效小麦品种的鉴定指标体系，并从 437 个小麦品种中筛选出了养分高效小麦品种材料。

氮磷钾吸收均高效的小麦品种：怀川 916、洛旱 1 号、阳光 851、普冰 202、益科麦 1506、长旱 58、中优 9507。

氮磷钾利用均高效的小麦品种：川麦 104、衡观 35、华麦 5 号、济麦 22、豫教 5 号、豫麦 70、郑麦 9405。

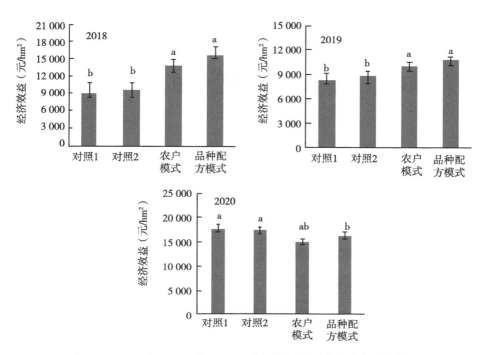

图 3.6　2018 年、2019 年和 2020 年不同处理模式下的小麦产量

氮磷钾再利用均高效的小麦品种：衡观 35、内麦 11。

氮磷吸收、再利用、利用均高效的小麦品种：濮麦 9。

氮磷吸收和利用均高效的小麦品种：川麦 104、太空 6 号、兴资 9104。

利用已建立的养分高效小麦指标体系，从 12 个黄淮海主栽品种中鉴定出了 1 个养分高效小麦品种，发现养分高效小麦品种可以显著提高肥料利用效率，在保证稳产或增产的条件下节省肥料投入。

氮肥偏生产力、氮籽粒利用效率、氮肥农学效率、氮肥回收效率较高的小麦品种与这些指标较低的小麦品种相比能够在不减产的情况下大幅度节省氮肥投入，其中以氮肥偏生产力和农学效率高效的小麦品种减肥程度最大，因此这两项指标也可作为筛选节肥小麦品种的重要依据。

品种+配方模式能够在减少化肥投入 20% 以上的前提下，实现小麦增产 10% 以上，经济效益提高 5% 以上。

第4章 高效新型肥料的筛选与研制

4.1 研究方案

4.1.1 植物油包膜材料开发

4.1.1.1 植物油与固化剂筛选

为寻找价格低廉、资源丰富和环境友好的植物油包膜材料，并对植物油热交联固化反应研究，首先按一定的配比准确称 A 组分与 B 组分 10 g 于成膜基片上，可视实验目的选择性地添加改性剂，用玻璃棒将样品搅拌均匀，随后将成膜基片放在不锈钢托盘上，放入已设定恒温的干燥箱中，在设定的温度下进行恒温热交联固化。样品固化后将之取出，置于干燥器中冷却至室温。反应条件及处理列于表 4.1 中。

表 4.1 植物油热交联固化反应处理条件

处理	T_1	T_2	T_3	T_4	T_5	T_6	T_7	T_8	T_9
温度（℃）	80	80	80	100	100	100	120	120	120
A/B 组分配比	1:1	2:1	1:2	1:1	2:1	1:2	1:1	2:1	1:2

4.1.1.2 蓖麻油包膜材料开发

（1）蓖麻油制备蓖麻油聚酯多元醇 蓖麻油从蓖麻籽中获得，是一种价格低廉环境友好的可再生资源。蓖麻油是一种黏性淡黄色无挥发性的非干性油，是一种含有脂肪酸的长链结构的天然甘油三酯，可赋予材料有较好的耐水性。同时，蓖麻油含有大量的羟基基团，可与异氰酸酯反应固化，目前已成为植物油包膜技术中常用原材料。

以蓖麻油为原料，精选小分子醇为改性剂，催化作用下通过酯交换反应制备高羟值蓖麻油多元醇；在制取的蓖麻油多元醇中加入改性剂多元酸或酸酐，氮气保护下缩聚反应制得蓖麻油聚酯多元醇。在试验过程中，针对小分子醇优选二甘醇、丙三醇、季戊四醇，催化剂优选钛酸四丁酯或甲醇钠。

在制取蓖麻油多元醇的过程中，反应温度最适在 170~190℃，反应时间 3~4 h；在制取蓖麻油聚酯多元醇的过程中，改性剂为邻苯二甲酸酐，反应温度为 180~200℃，反应时间为 3~4 h，缩聚前期需氮气保护，当体系酸值（KOH）降低至 10 mg/g，需要真空抽水，待酸值（KOH）≤1.5 mg/g 时即可。

（2）蓖麻油不同包膜厚度制备　甘油改性的蓖麻油聚酯多元醇的制备：首先，将 75 份蓖麻油、15 份甘油、0.5 份催化剂钛酸四丁酯倒入四口烧瓶中，在氮气保护下搅拌，快速升温到 180℃，保温 3 h 后降温到 150℃，加入 9.5 份邻苯二甲酸，升温到 180℃，保温 3 h 后降温到室温，即得到甘油改性的蓖麻油聚酯多元醇。按照《聚醚多元醇中酸值测定方法》（GB 12008.5—89）标准，制备的甘油改性的蓖麻油聚酯多元醇酸值（KOH）为 1 mg/g；按照《塑料聚醚多元醇第 3 部分：羟值的测定》（GB/T 12008.3—2009）标准，采用邻苯二甲酸酐法进行测定，甘油改性的蓖麻油聚酯多元醇的羟值（KOH）为 256 mg/g。其次，将筛分好粒径为 2~4.7 mm 颗粒尿素 500g 加入高效包衣机里，加热到 75℃左右，将 2g 实白料加入颗粒尿素表面，利用肥料颗粒的相互摩擦，白料在运动的肥料颗粒表面均匀铺展，然后加入 3g 黑料聚合 MDI（NCO%含量为 30.5%~32%），原位反应固化 4~6 min。白料和黑料作为包衣材料，包衣材料每次的输入量为颗粒肥料总重量的 1%，重复以上 2 次，冷却至 20~30℃，即得包膜量为 2%包膜控释肥。

季戊四醇改性的蓖麻油聚酯多元醇的制备：首先，将 75 份蓖麻油、15 份季戊四醇、0.5 份催化剂钛酸四丁酯倒入四口烧瓶中，氮气保护下搅拌快速升温到 180℃，保温 3 h 后降温到 150℃，加入 9.5 份邻苯二甲酸，升温到 180℃，保温 3 h 后降温到室温，即得季戊四醇改性的蓖麻油聚酯多元醇。按照《聚醚多元醇中酸值测定方法》（GB/T 12008.5—89），制备的季戊四醇改性的蓖麻油聚酯多元醇酸值（KOH）为 1.1 mg/g；按照《塑料聚醚多元醇第 3 部分：羟值的测定》（GB/T 12008.3—2009），采用邻苯二甲酸酐法进行测定，其羟值（KOH）为 278 mg/g。

其次，将筛分好粒径为 2~4.7 mm 颗粒尿素 500 g 加入高效包衣机里加热到 75℃左右，将 2 g 白料加入颗粒尿素表面，利用肥料颗粒的相互摩擦，白料在运动的肥料颗粒表面均匀铺展，然后加入 3 g 黑料聚合 MDI（NCO%含量为 30.5%~32%），原位反应固化 4~6 min。白料和黑料作为包衣材料，包衣材料每次的输入量为颗粒肥料总重量的 1%，重复以上 3 次，冷却至 20~30℃，即得包膜量为 3%

的包膜控释肥。

二甘醇改性的蓖麻油聚酯多元醇的制备：首先，将 75 份蓖麻油、15 份二甘醇、0.5 份催化剂钛酸四丁酯倒入四口烧瓶中，氮气保护下搅拌快速升温到 180℃，保温 3 h 后降温到 150℃，加入 9.5 份邻苯二甲酸，升温到 180℃，保温 3 h 后降温到室温，即得二甘醇改性的蓖麻油聚酯多元醇。按照《聚醚多元醇中酸值测定方法》（GB 12008.5—89）标准，制备的二甘醇改性的蓖麻油聚酯多元醇酸值为 KOH 1.1 mg/g；按照《塑料聚醚多元醇第 3 部分：羟值的测定》（GB/T 12008.3—2009）标准，采用邻苯二甲酸酐法进行测定，其羟值（KOH）为 248 mg/g。

其次，将筛分好粒径为 2～4.7 mm 颗粒尿素 500 g 加入高效包衣机加热到 75℃左右，将 2 g 白料加入到颗粒尿素表面，利用肥料颗粒的相互摩擦使白料在运动的肥料颗粒表面均匀铺展，然后加入 3 g 黑料聚合 MDI（NCO% 含量为 30.5%～32%），原位反应固化 4～6 min。白料和黑料作为包衣材料，包衣材料每次的输入量为颗粒肥料总重量的 1%，重复以上 4 次，冷却至 20～30℃，即得包膜量为 4% 包膜控释肥。

葡萄糖改性的蓖麻油聚酯多元醇的制备：首先，将 85 份蓖麻油、9 份葡萄糖、0.4 份催化剂氢氧化钠倒入四口烧瓶中，氮气保护下搅拌快速升温到 180℃，保温 3 h 后降温到 170℃，加入 5.5 份间苯二甲酸，升温到 180℃，保温 3 h 后降温到室温，即得到葡萄糖改性的蓖麻油聚酯多元醇。按照《聚醚多元醇中酸值测定方法》（GB 12008.5—89）标准，制备的葡萄糖改性的蓖麻油聚酯多元醇酸值（KOH）为 0.8 mg/g；按照《塑料聚醚多元醇第 3 部分：羟值的测定》（GB/T 12008.3—2009）标准，采用邻苯二甲酸酐法进行测定，葡萄糖改性的蓖麻油聚酯多元醇的羟值（KOH）为 247 mg/g。

其次，将筛分好粒径为 2～4.7 mm 颗粒硝酸铵 500 g 加入到高效包衣机里，加热到 75℃左右，将 2 g 实白料加入颗粒硝酸铵表面，利用肥料颗粒的相互摩擦，白料在运动的肥料颗粒表面均匀铺展，然后加入 3 g 黑料 TDI，原位反应固化 4～6 min。白料和黑料作为包衣材料，包衣材料每次的输入量为颗粒肥料总重量的 2%，重复以上 2 次，冷却至 20～30℃，即得包膜量为 4% 包膜控释肥。

乙二醇改性的蓖麻油聚酯多元醇的制备：首先，将 80 份蓖麻油、10 份乙二醇、0.6 份催化剂氧化锌倒入四口烧瓶中，氮气保护下搅拌快速升温到 180℃，保温 3 h 后升温到 190℃，加入 9.4 份邻苯二甲酸酐，升温到 200℃，保温 3 h 后降温到室温，即得到乙二醇改性的蓖麻油聚酯多元醇。按照《聚醚多元醇中酸值测定方法》（GB 12008.5—89）制备的乙二醇改性的蓖麻油聚酯多元醇酸值

（KOH）为 1.2 mg/g；按照《塑料聚醚多元醇第 3 部分：羟值的测定》（GB/T 12008.3—2009）标准，采用邻苯二甲酸酐法进行测定，乙二醇改性的蓖麻油聚酯多元醇的羟值（KOH）为 259 mg/g。

其次，将筛分好粒径为 2~4.7 mm 颗粒磷酸二氢铵 500 g 加入高效包衣机，加热到 90℃左右，将 2 g 实白料加入颗粒磷酸二氢铵表面，利用肥料颗粒的相互摩擦使白料在运动的肥料颗粒表面均匀铺展，然后加入 3 g 黑料 MDI，原位反应固化 4~6 min。白料和黑料作为包衣材料，包衣材料每次的输入量为颗粒肥料总重量的 3%，重复以上 2 次，冷却至 20~30℃，即得包膜量为 6%包膜控释肥。

上述方式制备的蓖麻油聚酯多元醇的包膜控释肥符合 2009 年 9 月 1 日起实施的缓释肥料《缓释肥料》（GB/T 23348—2009）和 2012 年 7 月 1 日实施的控释肥料《控释肥料》（HG/T 4215—2011）。蓖麻油包膜控释肥的养分释放率均为静水养分测定（本次试验选取上述制备蓖麻油聚酯多元醇包膜控释肥前三种肥料）：称取 10 g 肥料样品，准确至 0.01 g，放入用 100 目尼龙纱网做成的小袋中封口，将小袋放入 250 ml 分液漏斗中，然后加蒸馏水 250 ml，密封后置于 25℃的恒温培养箱中，3 次重复，同时做空白试验。选取不同的天数取样测定，直到养分累积释放率达到或超过 80%。在第 24 h、7 d、14 d、28 d、45 d、60 d、90 d、120 d 取样测定，得到包膜控释肥产品的养分释放曲线。

4.1.2　腐植酸等增效剂开发

以芸苔素内脂、甜菜碱等物质为阳性对照，通过浸种或灌根的基质栽培/水培试验，探讨盐渍化、高温、低温、干旱逆境条件下，来源广泛、成本低廉的矿源腐植酸、海藻酸提取物和内生菌源代谢物对水稻、小麦、玉米苗期和模式作物樱桃萝卜产量、生物量、根冠比、根系量、光合参数、果实品质及活性氧清除酶等指标的影响，最终确定最佳施用剂型、剂量。

4.1.2.1　腐植酸类增效剂

筛选我国煤炭丰产区（东北、西部、内蒙古等地区）褐煤、风化煤、草炭原料，利用高温裂解、碱化酸析、H_2O_2 氧化、分子接枝（胺化、磺化）等技术手段，研发多功能团、低分子量、高活性腐植酸提取活化技术。以明确降解剂种类及用量、添加顺序在不同反应温度、时间条件下对水溶性腐植酸产率的影响，以及喷雾干燥设备雾化参数、进样速度、进出口温度等参数对腐植酸增效剂固形物含量的影响，最终确定高活性水溶腐植酸生产工艺技术包。

4.1.2.2 海藻酸类增效剂

通过消化酶解法和钙化醇析酸凝法提取新鲜海带、马尾藻、紫菜中的高活性海藻酸，确定消化酶解法中物料比，纤维素酶、果胶酶、蛋白酶等复合酶配比及添加量，酶解温度、时间和pH值对海藻酸钠、甘露糖、生长素等海藻基促生抗逆活性物质产率的影响；探明钙化醇析酸凝法中乙醇或甲醛丙酮氯仿混合液比例、氯化钙用量、酸析pH值、提取时间等关键参数对海藻酸钠产率、纯度及官能度的影响。最终形成高活性海藻酸生产工艺技术包。

4.1.2.3 微生物次级代谢产物增效剂

木霉菌（*Trichoderma* spp.）可通过拮抗、重寄生、分泌抗生素、生长素等手段控制作物病原菌的侵染，促进作物生长，提高抗逆性，尤其是对立枯丝核菌（*Rhizoctonia solani*）、腐霉菌（*Pythium* spp.）、镰刀菌（*Fusarium* spp.）等多种土传性植物病原微生物具有较好的防治效果。通过系统研究棘孢木霉（*Trichoderma asperellum*）活化、复壮、高效发酵、超声波提取、挤压过滤工艺参数对其代谢产物提取稳定性的影响，确定该类产品高效生产工艺技术包。详细研究方案见图4.1。

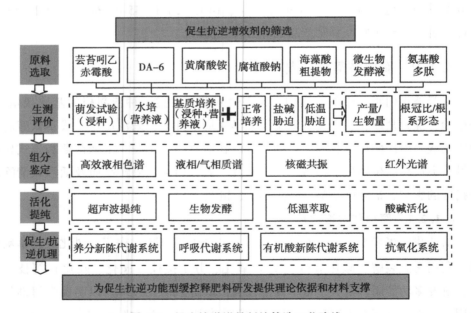

图4.1 促生抗逆增效剂的筛选工艺路线

4.1.3　新型肥料复配技术

4.1.3.1　功能型肥料颗粒制备与肥表改性技术

通过采用接枝、增韧、共聚等技术对来源广泛、价廉的植物源纤维素、淀粉类等天然有机高分子材料改性，创制绿色环保生物基黏结剂代替传统脲醛类黏结剂，消除了脲醛残留对功能物质活性的影响。利用接枝单体化学修饰、物理共混等技术改性低密度聚烯烃蜡，制备了熔点低、极性弱、分散性好、阻氧性强、隔光性优的功能物质保护助剂和肥表改性剂。通过响应曲面中心复合设计法，建立改性生物黏结剂、保活助剂、功能物质、肥料粉末间配比及造粒工艺参数（转速、倾斜角等）对核芯成粒率、颗粒强度、吸湿性、圆整度、休止角等参数的响应模型，研究功能肥料核芯物料最佳配比与工艺参数。

针对功能物质保活添加对缓控释肥料核芯流化性能要求高的需求，研发基于研磨料抛圆、抛光和蜡、硫黄、尿素为底涂层的生物基包膜缓控释肥料核芯预处理技术（图 4.2）。通过曲面响应中心设计法系统研究肥料核芯表面结构、流化性、粒径分布、容重的影响因素与机制，构建预处理关键技术参数对肥芯表面性质及生物基材料原位成膜性能的响应曲面模型，最终确定针对不同肥芯物性的表面预处理方案。

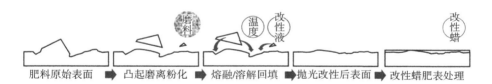

肥料原始表面 ➡ 凸起磨离粉化 ➡ 熔融/溶解回填 ➡ 抛光改性后表面 ➡ 改性蜡肥表处理

图 4.2　植物源功能型缓控释肥料核芯预处理技术原理

4.1.3.2　基于生物基聚氨酯复合包衣的养分精准控释技术

采用化学修饰、无机酸解改性技术对来源广泛、价廉的天然山梨醇类有机高分子材料制备生物基多元醇，基于此通过接枝增韧、物理共聚、聚氨酯软硬段优化技术，研制生物基聚氨酯膜材部分替代传统资源不可再生、价格高的生化类缓控释膜材为内控层；采用疏水性好、耐磨性强、养分控释性能优的环氧树脂或聚醚聚氨酯为外控层（图 4.3）。通过响应曲面 Box-Behnken 设计法，建立膜厚度、内外膜层比例、底涂层用量对肥料养分和功能物质释放特性的调控响应模型。

4.1.3.3　植物源功能型新产品及其工艺技术研制

利用筛选的新型增效剂，通过现有的颗粒制备技术、肥表改性技术和精准控释技术，研制缓控释肥料新产品和相应技术工艺。

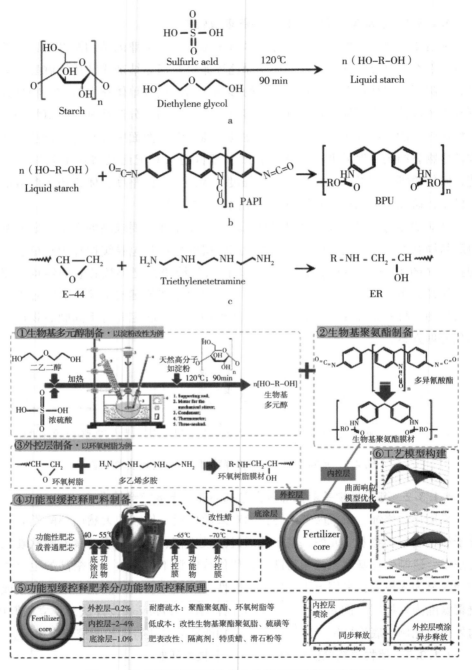

图 4.3 生物基聚氨酯复合包衣的养分精准控释技术原理

4.1.4　缓控释肥产品田间试验初步评价（山东济阳、烟台）

在山东不同土壤类型上（潮土和棕壤土）初步评价植物油包膜缓控释肥在小麦的应用，包括植物油包膜缓控释肥的用量、品种比较与速效肥的掺混比例及其在不同土壤条件下的田间养分释放规律等。

4.1.4.1　不同品种包膜尿素在潮土上的应用效果

试验地点：试验于 2017 年 10 月小麦季开始，在位于山东省济南市济阳开发区的山东省农业科学院试验示范基地进行，土壤类型为潮土；试验地土层深厚，肥力中等，耕层有机质含量为 1.53%，碱解氮含量 28.63 mg/kg，速效磷含量 5.05 mg/kg。速效钾 99.5 mg/kg。pH 值 8.83，含水量 16.03%，EC 值156.3 μm/cm。试验地点为小麦—玉米轮作种植区。

供试肥料：供试氮肥肥料由金正大生态工程集团股份有限公司提供，包括速效尿素（N 含量 46%）、树脂包膜尿素（养分含量 $N-P_2O_5-K_2O$：44-0-0，水中释放期为 3 个月）、植物油包膜尿素（养分含量 $N-P_2O_5-K_2O$：44-0-0，水中释放期为 3 个月）。

试验设计与方法：试验设 5 个处理（表 4.2），每个处理 3 次重复，小区面积 30 m^2（5.9 m×5.1 m）。所有处理磷、钾肥种类和数量均相同，磷肥为重过磷酸钙（P_2O_5 含量 44%）、钾肥为氯化钾（K_2O 含量 60%）。所有处理磷钾肥基施。除对照外，小麦习惯施肥用量为 $N-P_2O_5-K_2O$ 为 210-120-90 kg/hm^2。习惯施肥处理氮肥分基施和追施，基肥量、追施量分别是施肥总量的 40% 和 60%，在 4 月上旬追肥 1 次。基肥为撒施，然后翻地，播种。追肥采用开沟施肥，开沟后将肥料撒施到沟中，覆土 5 cm，然后浇水。其他按常规管理。

表 4.2　不同品种包膜尿素在潮土上应用试验设计（山东济阳）

编号	处理	内容	氮肥种类	施肥方式
T_1	对照	不施氮肥	—	—
T_2	习惯施肥	根据当地农民习惯	大颗粒尿素	基施+追施
T_3	速效氮肥	速效尿素	大颗粒尿素	基施
T_4	控释氮肥 A	控释氮肥 A	金正大树脂包膜尿素	基施
T_5	控释氮肥 B	控释氮肥 B	金正大植物油包膜尿素	基施

4.1.4.2 控释氮肥掺混比例在潮土上的应用效果

供试肥料：本试验供试氮肥肥料由金正大生态工程集团股份有限公司提供，包括速效尿素（N 含量46%）、树脂包膜尿素（养分含量 $N-P_2O_5-K_2O$：44-0-0，水中释放期为 3 个月）、植物油包膜尿素（养分含量 $N-P_2O_5-K_2O$：44-0-0，水中释放期为 3 个月）。

表 4.3　控释氮肥掺混比例试验设计（山东济阳、潮土）

编号	处　理	内　容	氮肥种类	施肥方式
T_1	对照	不施氮肥	–	–
T_2	习惯施肥	当地农民习惯	大颗粒尿素	基施+追施
T_3	100%速效氮肥	速效尿素	大颗粒尿素	基施
T_4	100%控释氮肥	控释氮肥	植物油包膜尿素	基施
T_5	70%控释氮肥+30%速效氮肥	70%控释氮肥+30%速效尿素	植物油包膜尿素 大颗粒尿素	基施
T_6	60%控释氮肥+40%速效氮肥	60%控释氮肥+40%速效尿素	植物油包膜尿素 大颗粒尿素	基施
T_7	50%控释氮肥+50%速效氮肥	50%控释氮肥+50%速效尿素	植物油包膜尿素 大颗粒尿素	基施

试验设计与方法：试验设 7 个处理（表 4.3），每个处理 3 次重复，小区面积 30 m²（5.9 m×5.1 m）。所有处理磷、钾肥种类和数量均相同，磷肥为重过磷酸钙（P_2O_5 含量 44%）、钾肥为氯化钾（K_2O 含量 60%）。所有处理磷钾肥基施。除对照外，小麦习惯施肥用量为 $N-P_2O_5-K_2O$ 为 210-120-90 kg/hm²。习惯施肥处理氮肥分基施和追施，基肥量、追施量分别是施肥总量的 40%和 60%，小麦在 4 月上旬追肥 1 次。基肥为撒施，然后翻地，播种。追肥采用开沟施肥，开沟后将肥料撒施到沟中，覆土 5 cm，然后浇水。其他按常规管理。

4.1.4.3 植物油包膜缓控释肥料在棕壤上的应用

山东省棕壤面积为 170.62 万 hm²，约占全省土地总面积的 14.09%。主要分布在胶东半岛和沭河以东丘陵地区，在垂直带上位于褐土之上。试验在烟台市农业科学研究院高陵试验基地（37°18′48″N，121°29′56″E，海拔 40 m）进行，该区属暖温带东亚季风型大陆性气候，年平均温度 11.6°C，年降水量 737.2 mm，无霜期 180 d。试验地土壤基本化学性质见表 4.4。

表 4.4　植物油包膜缓控释肥试验供试棕壤化学性质（山东烟台）

土壤深度（cm）	有机质（g/kg）	有效磷（mg/kg）	速效钾（mg/kg）	pH 值
0~20	7.23	57.93	106.00	5.25
20~40	5.19	58.94	69.67	5.73
40~60	3.87	19.44	44.67	6.24
60~80	2.57	14.90	30.67	6.57
80~100	2.23	13.61	27.67	6.61

供试肥料：供试氮肥采用速效尿素和控释尿素。速效尿素含氮量46%；控释氮肥品种 1 为金正大树脂包膜尿素，含氮量 44%，释放期为 3 个月；控释肥品种 2 为金正大植物油包膜尿素，含氮量 44%，释放期为 3 个月。磷肥为重过磷酸钙（P_2O_5含量 44%）、钾肥为氯化钾（K_2O 含量 60%）。

试验设计与方法：试验设 5 个处理，每个处理 3 次重复，小区面积 30 m^2。冬小麦习惯基施复合肥（15-15-15）50 kg/亩，返青期追施尿素 15 kg/亩。具体试验设置见表 4.5。

表 4.5　不同品种包膜尿素在棕壤上应用试验设计（山东烟台）

编号	处理	内容	氮肥种类	施肥方式
T_1	对照	不施氮肥		
T_2	习惯施肥	根据当地农民习惯	大颗粒尿素	基+追施（1 次）
T_3	速效氮肥	氮肥全部用速效尿素	大颗粒尿素	基施
T_4	控释氮肥 1（树脂包膜尿素）	氮肥用树脂包膜尿素（释放期 3 个月，养分含量 44-0-0）	树脂包膜尿素	基施
T_5	控释氮肥 2（植物油包膜尿素）	氮肥用植物油包膜尿（释放期 3 个月，养分含量 44-0-0）	植物油包膜尿素	基施

4.2　研究结果

4.2.1　植物油包膜材料研发

4.2.1.1　植物油与固化剂筛选
通过植物油酯化反应研究，从大豆油、亚麻油、桐油等资源丰富的天然植物油中筛选出低成本、成膜性能好的包膜原材料，同时确定了与植物油包膜剂成膜匹配效果最优的固化剂。开发出植物油液相"梯度反应"和固液两相"可控固化"成膜技术，解决了植物油难以固化成膜难题，改善了成膜特性。明确了植物油热交联固化成膜特性，探明了植物油包膜控释肥养分释放特性和膜层微观结构的关系。

植物油树脂与传统的环氧树脂相比，其延伸率、粘接强度、抗冲强度、层间强度更高，并具有独特的耐磨性；用植物油改性的环氧乙烯基酯树脂，兼有链内不饱和性和链端的不饱和性，与通常的双酚 A 型环氧树脂相比，具有优异的耐腐蚀性、柔韧性和良好工艺性。

植物油热交联固化反应成膜特征（表 4.6）表明，在 80℃条件下，T_1、T_2、T_3 成膜反应速度较慢，在设定的固化反应时间内植物油 A、B 两组分基本固化；在 100℃条件下，T_4、T_5、T_6 成膜反应速度适中，7~10 min 植物油 A、B 两组分固化良好；在 120℃条件下，T_7、T_8、T_9 成膜反应速度较快，植物油 A、B 两组分固化完全，可见随反应温度的升高，植物油组分固化反应速度逐渐加快。从固化成膜的表面特征分析，在 80℃和 100℃条件下，分别有 T_3 和 T_6 处理成膜表面光滑平整，而 120℃条件下，固化膜内出现了气泡，表明 120℃条件下反应比较剧烈，导致了气泡的出现。A、B 两组分按 1∶1 配比进行固化反应时，固化良好，但膜层表面有褶皱；按 2∶1 配比进行固化反应时，部分固化，甚至局部有流动相存在，成膜不完整；按 1∶2 配比进行固化反应时，固化完全，在 80℃下反应膜柔软，有弹性形变，在 100℃下反应膜光滑平整，在 120℃下膜内有气泡。这表明，植物油 A、B 两组分按 1∶（1~2）配比固化成膜效果较好。综上所述，所有处理中固化效果 $T_6>T_3>T_4>T_7>T_9>T_1>T_8>T_5>T_2$，但在缓控释肥喷涂包膜工艺过程中，$T_3$ 处理的包膜效果可能会优于 T_6，因为更有弹性的膜层有利于增强其韧性和改善包膜致密度。

表 4.6　植物热油交联固化反应成膜特征

处理	特征描述
T_1	基本固化，微黏，表面起皱
T_2	部分固化，发黏，局部有流动液相
T_3	固化良好，有弹性形变，表面光滑平整
T_4	固化良好，表面微皱，有少量气泡
T_5	部分固化，表面发黏

（续表）

处理	特征描述
T_6	固化完全，表面光滑平整
T_7	固化良好，表面微皱，有少量气泡
T_8	基本固化，微黏，表面光亮
T_9	固化完全，表面较光滑，内有气泡

4.2.1.2　蓖麻油包膜材料开发

基于蓖麻油聚酯多元醇的包膜材料，研发了相应的包膜控释肥产品，明确了其养分释放曲线（图 4.4）。根据图 4.4，基于蓖麻油聚酯多元醇的包膜控释肥控释期分别约为 2 个月、3 个月、4 个月。

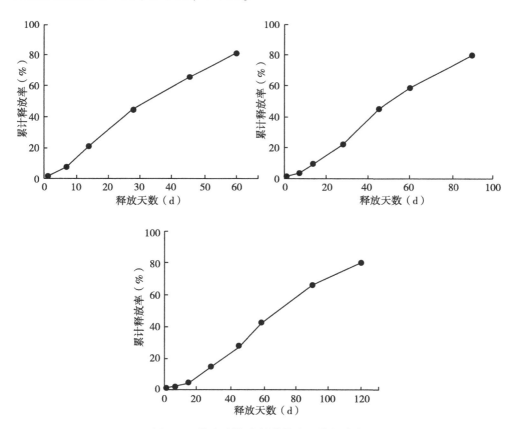

图 4.4　蓖麻油聚酯包膜养分累计释放率

4.2.2 腐植酸等增效剂研发

4.2.2.1 腐植酸类增效剂

筛选我国煤炭丰产区（东北、西部、内蒙古等地区）褐煤、风化煤、草炭原料，利用高温裂解、碱化酸析、H_2O_2氧化、分子接枝（胺化、磺化）等技术手段，研发了多功能团、低分子量、高活性腐植酸提取活化技术。明确了降解剂种类及用量、添加顺序在不同反应温度、时间条件下对水溶性腐植酸产率的影响以及喷雾干燥设备雾化参数、进样速度、进出口温度等参数对腐植酸增效剂固形物含量的影响，最终确定了高活性水溶腐植酸生产工艺技术。

4.2.2.2 海藻酸类增效剂

通过消化酶解法和钙化醇析酸凝法提取新鲜海带、马尾藻、紫菜中的高活性海藻酸，明确了消化酶解法中物料比，纤维素酶、果胶酶、蛋白酶等复合酶配比及添加量，酶解温度、时间和 pH 值对海藻酸钠、甘露糖、生长素等海藻基促生抗逆活性物质产率的影响；探明了钙化醇析酸凝法中乙醇或甲醛丙酮氯仿混合液比例、氯化钙用量、酸析 pH、提取时间等关键参数对海藻酸钠产率、纯度及官能度的影响，确定了高活性海藻酸生产工艺技术。

4.2.2.3 微生物次级代谢产物增效剂

木霉菌（*Trichoderma* spp.）可通过拮抗、重寄生、分泌抗生素、生长素等手段控制作物病原菌的侵染，促进作物生长，提高抗逆性，尤其是对立枯丝核菌（*Rhizoctonia solani*）、腐霉菌（*Pythium* spp.）、镰刀菌（*Fusarium* spp.）等多种土传性植物病原微生物具有较好的防治效果。通过系统研究棘孢木霉（*Trichoderma asperellum*）活化、复壮、高效发酵、超声波提取、挤压过滤工艺参数对其代谢物提取稳定性的影响，确定了该类产品高效生产工艺技术。

以上筛选出的腐植酸、海藻酸、微生物次级代谢产物等 3 类促生抗逆功能物质。在高温、盐碱、低温等胁迫条件下，可显著提升提高作物 ROS 清除系统酶活性 12% 以上，提高细胞膜稳定性，诱导内源生长素水平提高 23% 以上，提高净光合效率 11% 以上，提高产量 14% 以上（图 4.5）。

4.2.3 高效新型肥料复配技术及缓控掺混肥产品

4.2.3.1 研发了功能型肥料颗粒制备与肥表改性技术

采用接枝、增韧、共聚等技术对来源广泛、价格优廉的植物源纤维素、淀粉类等天然有机高分子材料改性，创制了绿色环保生物基黏结剂代替传统脲醛类黏

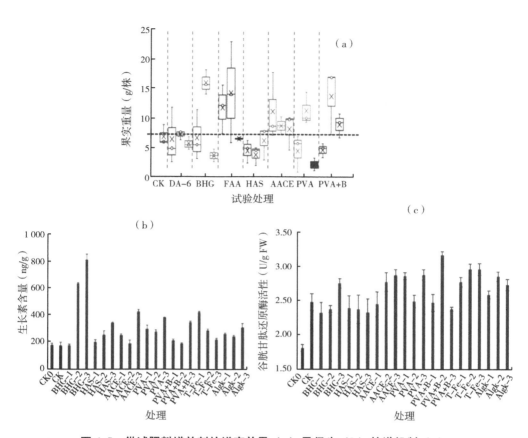

图 4.5　供试肥料增效剂的增产效果（a）及促生（b）抗逆机制（c）

结剂，消除了脲醛残留对功能物质活性的影响。利用接枝单体化学修饰、物理共混等技术改性低密度聚烯烃蜡，制备了熔点低、极性弱、分散性好、阻氧性强、隔光性优的功能物质保护助剂和肥表改性剂。通过响应曲面中心复合设计法，建立了改性生物黏结剂、保活助剂、功能物质、肥料粉末间配比及造粒工艺参数（转速、倾斜角等）对核芯成粒率、颗粒强度、吸湿性、圆整度、休止角等参数的响应模型，探明了功能肥料核芯物料最佳配比与工艺参数（图 4.6）。

　　针对功能物质保活添加对缓控释肥料核芯流化性能要求高的需求，通过曲面响应中心设计法系统明确了肥料核芯表面结构、流化性、粒径分布、容重的影响因素与机制，构建了预处理关键技术参数对肥芯表面性质及生物基材料原位成膜性能的响应曲面模型，确定了针对不同肥芯物性的表面预处理方案，显著提高了产品肥表圆整度和光滑度（图 4.7），解决了因肥芯表面粗糙、粒度分布不均等因素导致的膜材用量大、养分精准控释难等技术难题，相同释放期的产品流化性能提高 6%~11%，包膜均匀度提高 8%，膜材用量降低 50%~60%（图 4.8）。

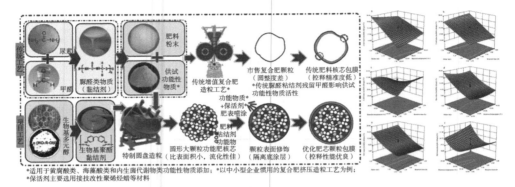

*适用于黄腐酸类、海藻酸类和内生菌代谢产物类功能性物质添加；*以中小型企业惯用的复合肥挤压造粒工艺为例；
*保活剂主要选用接技改性聚烯烃蜡等材料

图 4.6　功能型肥料颗粒制备技术原理及关键造粒参数响应曲面模型

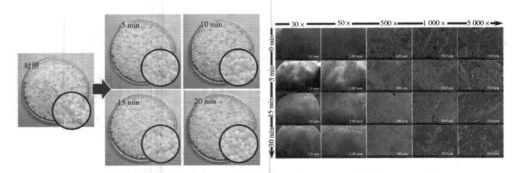

图 4.7　植物源功能型缓控释肥料核芯预处理样品及其肥表微结构特征

4.2.3.2　创制了基于生物基聚氨酯复合包衣的养分精准控释技术

采用化学修饰、无机酸解改性技术对来源广泛、价廉的类等天然山梨醇类有机高分子材料制备生物基多元醇，基于此通过接枝增韧、物理共聚、聚氨酯软硬段优化技术，创制了绿色环保生物基聚氨酯膜材部分替代传统资源不可再生、价格高的生化类缓控释膜材为内控层；采用疏水性好、耐磨性强、养分控释性能优的环氧树脂或聚醚聚氨酯为外控层。复合包膜可实现养分/功能物质释放的长效控释和精准调控。同样使用 50% 环氧树脂的包膜厚度为 5% 的复合包膜尿素较交联互穿型包膜尿素养分释放期提高 3 倍，外控层环氧树脂涂层能够增大肥料压力颗粒强度，复合包膜尿素颗粒压力强度为 51.11 N，较加蜡尿素提高 8.9%，因而使用该方式能够有效减少石油基产品的使用量并提高耐磨性。采用 SEM、SGKS、休止角测定的测定结果和蜡改性尿素温度的变化可以表征肥料颗粒改性的表面性

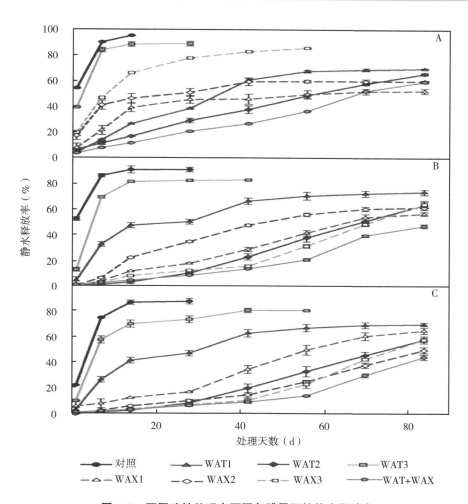

图 4.8　不同改性处理在不同包膜量下的静水释放率

能。使用聚烯烃蜡作为底涂层可使肥料表面致密，颗粒的流动性提高，室温下蜡改性尿素较普通尿素休止角减小 10%，有效提高颗粒流动性。蜡具有保温作用，能够有效降低热量散失，升温相同时间全蜡处理比普通尿素温度低 21.9%，从而降低生产能耗。蜡的使用在一定程度上能够控制养分的初期释放率，当蜡用量从 0.06% 提高至 0.53% 和 0.99% 时，初期养分释放率分别降低 57.6% 和 98.4%。将功能性物质配伍于底涂层与内控层间，使其与化学肥料隔离，降低盐害，提高活性，配伍于内控层与外控层间，实现了肥料养分与功能物质异步释放的精准控释，满足了我国不同区域、不同作物的个性化养分需求。通过响应曲面 Box-Be-hnken 设计法，建立了总膜厚度、内外膜层比例，底涂层用量对肥料养分和功能物质释放特性的调控响应模型（图4.9）以指导产业化生产。

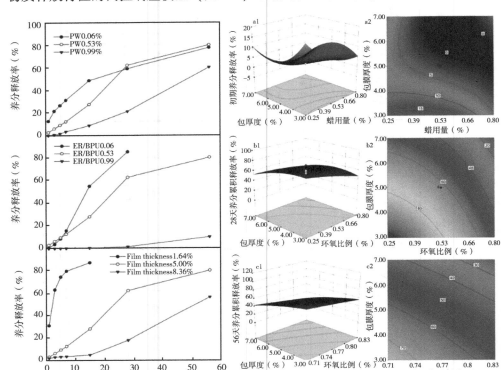

图4.9　复合包膜对肥料控释特性的调控响应模型

4.2.3.3　研制出植物源功能型新产品及其工艺技术包

利用筛选的新型增效剂、颗粒制备技术、肥表改性技术和精准控释技术研制出掺混型、外涂型、复合包衣型、包衣型促生抗逆增效缓控释肥料等4个系列5种新产品，并针对产品特性，明确了包膜工艺与功能性物活性保持、膜材成膜过程耦合机制，设计出基于多段式变频转鼓的新产品工艺技术包（表4.7）。创新了功能物质与缓控释肥料配伍模式，研制出植物源功能型新产品及其工艺技术包。

表4.7　植物源功能型新产品生产工艺关键参数

肥料类型	适配功能物质	添加方式	添加比例（%）	多段式变频转鼓	温度（℃）	变频转鼓转速（r/min）
掺混型	腐植酸、海藻酸	造粒后掺混	3~10	核芯制备段	65~80	8~15
外涂型	微生物次级代谢产物	控释肥表喷涂	0.01~0.5	包膜后段	40~45	5~8
复合包衣型	微生物次级代谢产物	膜内、膜间喷涂	0.05~0.5	成膜前段、高效包膜段	60~65℃	8~12
包衣型	腐植酸	参与成膜	2~5	膜外处理段	60~65	8~12

4.2.4　缓控掺混肥产品田间应用评价

4.2.4.1　不同品种包膜尿素在潮土上的应用效果（山东济阳）

在山东省不同土壤类型上初步评价了植物油包膜缓控释肥在小麦生产中的应用效果，包括植物油包膜缓控释肥的用量、品种比较与速效肥的掺混比例及其在不同土壤条件下的田间养分释放规律。

（1）小麦产量及产量构成要素　从表 4.8 的小麦产量构成要素看出，与农民习惯施肥 T_2 相比，控释尿素处理的有效穗数和穗粒数均高于速效尿素基施＋追施处理，其中，树脂包膜控释肥处理有效穗数和穗粒数最高；与速效尿素一次性基施 T_3 相比，树脂包膜 T_4 与植物油包膜 T_5 控释肥处理的穗粒数比 T_3 分别高 15.03% 和 7.35%；穗粒数分别比 T_3 处理高 3.60% 和 3.27%。千粒重方面，植物油控释肥处理 T_5 高于 T_2 和 T_3 处理的千粒重。

表 4.8　不同品种包膜尿素对小麦产量及其构成要素影响（山东济阳）

处理	有效穗数 （万穗/hm²）	穗粒数 （粒/穗）	千粒重 （g）	产量 （kg/hm²）
T_1	737.12	28.44	45.25	9 488.55
T_2	796.90	27.54	41.61	9 133.92
T_3	744.72	26.91	41.77	8 372.02
T_4	856.68	27.88	30.44	7 269.07
T_5	799.43	27.79	43.54	9 671.60

注：T_1，对照、不施肥；T_2，当地农民习惯、普通尿素；T_3，100%速效氮肥；T_4，100%控释氮肥 A，金正大树脂包膜尿素；T_5，100%控释氮肥 B，植物油包膜尿素。

与不施氮肥处理 T_1 比，施氮处理无论是速效氮肥和缓控释氮肥均比对照不施氮处理产量高，两种缓控释肥品种处理产量比对照小麦产量增幅为 13.9% 和 19.2%（表 4.8）。与一次性基施速效氮肥处理 T_3 相比，两种缓控释氮肥一次性基施处理 T_4 和 T_5 小麦产量增产幅度为 13.2% 和 18.5%。在等氮量施肥情况下，植物油包膜缓控释氮肥处理 T_5 一次性基施产量和速效氮肥两次施肥（基施＋追施）T_2 处理产量持平，从减少人工、劳动强度等考虑，植物油包膜缓控释氮肥品种可以作为小麦缓控释肥推荐品种。

（2）控释氮肥掺混比例对小麦产量及其构成要素的影响　表 4.9 显示，100%缓控释氮肥处理 T_4 产量最高，比不施氮肥对照 T_1 增产 51.9%；在施等氮量条件下，与施100%速效尿素处理 T_3 比，各缓控释氮肥与速效氮肥掺混比例处理均比 T_3 产量提高，表现最好的为50%控释氮肥+50%速效氮肥处理 T_7。

表4.9 控释与速效氮肥掺混比例对小麦产量及构成要素影响（山东济阳）

处理	有效穗数 （万穗/hm²）	穗粒数 （粒/穗）	千粒重 （g）	产量 （kg/hm²）
T_1	727.49	27.79	44.53	3 904.80
T_2	852.63	30.82	40.32	5 276.85
T_3	833.88	29.06	44.05	4 783.20
T_4	781.70	28.04	42.43	5 930.10
T_5	850.60	27.80	42.82	5 697.90
T_6	727.49	29.19	48.65	5 668.80
T_7	865.29	31.03	42.83	6 046.35

注：T_1，对照、不施肥；T_2，当地农民习惯、普通尿素；T_3，100%速效氮肥；T_4，100%控释氮肥；T_5，70%控释氮肥+30%速效尿素；T_6，60%控释氮肥+40%速效尿素；T_7，50%控释氮肥+50%速效氮肥；控释氮肥为植物油包膜尿素、速效氮肥大为颗粒尿素。

表4.9小麦产量构成要素表明，与 T_2 处理相比，T_7 处理有效穗数增加1.5%，其他处理 T_3、T_4、T_5、T_6 的小麦有效穗数均下降，T_7 处理的有效穗数为865.29万穗/hm²；与 T_2 相比，其他处理在穗粒数方面表现与有效穗数一致，只有 T_7 处理的穗粒数高于 T_2；与 T_2 相比，T_3、T_4、T_5、T_6、T_7 处理小麦千粒重均升高，增幅分为5.2%~20.7%，增幅最大的是 T_6 处理。综合表明，掺混比例为50%控释氮肥+50%速效氮肥处理 T_7 效果最优。

4.2.4.2 植物油包膜缓控释肥在棕壤上的应用效果（山东烟台）

不同种类控释肥在棕壤冬小麦的应用效果（图4.10）表明，施用植物油包膜控释氮肥和树脂包膜控释氮肥都能增加冬小麦产量，但两种控释肥间的效果没有明显差异。

综上，在传统控释肥基础上，利用腐植酸等增效剂先增效再进行植物油包膜开发出的增效植物油包膜控释肥产品，在功能性、控释性能方面优势显著，控释粒子和复合肥全部添加了微量元素和增效剂，实现了双向互补增效；同时，营养元素和增效剂同步控制释放，使控释更"精准"，大幅提高了肥效。对开发出的新型植物油包膜缓控释肥产品进一步在山东的潮土及棕壤两大类土壤上进行肥效验证，明确了不同控释肥品种、不同控释肥掺混比例、不同控释肥用量对小麦产量及其构成要素的影响，为产品轻简化应用提供了有效支撑。相关研发产品取得

2 个肥料登记证（图 4.11）；相关成果获得临沂市科技进步奖二等奖（图 4.12）。

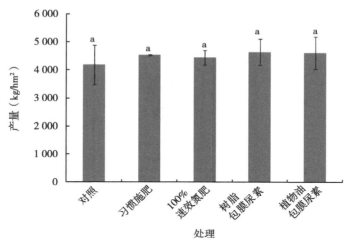

图 4.10　不同包膜尿素对冬小麦产量的影响（山东烟台）

图 4.11　双增双控植物油包膜缓控掺混肥产品肥料登记证

4.2.5　缓控掺混肥产品销售、示范、推广

研制的缓控掺混肥产品，建成了年产 5 万 t 植物油包膜缓控释肥生产装置，形成年产 20 万 t 的小麦专用硝基控释双效肥生产线。利用金正大生态工程集团股份有限公司已有的销售网络，累计销售 11.6 万 t，实现新增销售收入 29 146.31 万元，利税 3 428.04 万元。同时，研制的缓控肥产品 2018—2019 年小麦生长季分别在河北、河南、山东、安徽等多个地点进行示范推广，总计示范面积 91 亩，辐射推广面积 30.099 万亩，增产率为 3.40%～8.41%，平均 5.51%；亩增收 29.3～

115.49元，平均70.25元（表4.10），实现总增收约2 100万元，取得显著经济效益。

图4.12　小麦精准施肥信息化关键技术开发与应用科技进步奖证书

表4.10　金正大控释掺混肥料2018—2019年示范推广情况

地点	品种	土壤类型	示范面积（亩）	增产率（%）	亩增收（元/亩）	代表/辐射面积（万亩）	示范推广单位
河北大城	津麦9号		16	3.8	29.3	30	河北土肥总站
安徽凤阳	紫麦19	黄褐土	20	3.11	35.76		安徽凤阳土肥总站
河北隆尧崔家楼	邢麦13	潮土	12	8.41	98.46	0.03	河北土肥总站
河北隆尧东尹	师栾02-1	石灰性褐土	10	7.41	69.34	0.045	河北土肥总站
山东菏泽黄堽	济麦22			6.74	71.8		山东土肥总站
河北沧州青县	晋麦100	潮土	15	5.69	115.49	0.024	河北土肥总站
河南商丘	郑麦369	潮土	18	3.4	71.58		河南土肥站
总计			91			30.099	

4.2.6　本章小结

（1）筛选出价廉质高的植物油包膜原材料　探明了膜厚度、膜材组合等膜材结构及种类对释放率的影响；在此基础上，开发出植物油液相和固液两相成膜技术，解决了植物油难以固化成膜难题。同时，探明了植物油包膜控释肥养分释放特性和膜层微观结构的关系。

（2）开发出腐植酸等功能增效剂　从中国东北、西部、内蒙古等煤炭丰产区筛选出可制备高含量、高活性黄腐酸的原料 5 种。采用氧化、碱化、磺化 3 种方法，开展具有多功能团、分子量小的高活性黄腐酸的提取技术探索，验证评价其产品物理性能（提取率、抗酸性）及生理活性（促生、抗逆）。

（3）开发出双增双控植物油包膜控释肥产品　在传统控释肥基础上，利用腐植酸增效剂先增效再进行植物油包膜，开发出增效植物油包膜控释肥产品。该产品在功能性、控释性能方面优势显著，控释粒子和复合肥全部添加了微量元素和增效剂，实现了双向互补增效，大幅提高了肥效。

（4）对研发的新型缓控肥产品进行初步评价，取得肥料登记证　以硝基肥作为速效肥、植物油包膜控释肥作为缓释肥，并结合土壤及小麦养分供需特性，研发出缓释掺混肥产品；验证了产品在潮土、棕壤土的使用效果，明确了不同控释肥品种、不同控释肥掺混比例、不同控释肥用量对小麦产量及其构成要素的影响，为产品轻简化应用提供了有效支撑。

（5）经济效益显著　所研制的环境友好型植物油包膜控释肥料，课题执行期间累计销售 11.6 万 t，实现新增销售收入 29 146.31 万元，利税 3 428.04 万元。2018—2019 年小麦季分别在河北、河南、山东、安徽等近 10 个地点进行示范推广，总计示范面积 91 亩，辐射推广面积 30.099 万亩。与农民习惯相比较，小麦平均增产 5.51%，亩增收 70.25 元，实现总增收 2 100 万元。

第5章 小麦专用缓控释肥产品及减施增效免追肥技术

5.1 试验地点及概况

缓控释肥产品减施增效田间试验在两个地点开展。其一为山东泰安市岱岳区马庄镇大寺村（35°58′N，117°3′E），温带湿润大陆性气候，1971—2007年平均年光照2 610 h，年际变化在2 342~3 413 h；年平均气温14.6℃，全年平均≥0℃的积温4 731 ℃，≥10℃的积温4 213 ℃。年均无霜期为193 d，降水量699 mm，多集中于夏季。试验点土壤为褐土，耕层（0~20cm）含有机质12.3 g/kg、全氮1.1 g/kg、碱解氮72.9 mg/kg、速效磷28.8 mg/kg、速效钾105.4 mg/kg。

另外的试验地点北京房山区十三里村（39°38′N，115°72′E），气候条件与泰安大致类似，年平均气温11.6℃，全年无霜期191 d，平均降水量602.5mm。试验点土壤为壤土，耕层（0~20cm）含有机质14.3 g/kg、全氮1.3 g/kg、碱解氮102.9 mg/kg、速效磷25.4 mg/kg、速效钾86.4 mg/kg。

两个试验地点的种植方式均为小麦—夏玉米轮作，玉米秸秆还田。

5.2 试验设计

试验采用随机区组设计，在北京房山共设置6个处理，各处理P_2O_5、K_2O用量相等。小麦习惯施肥：N 270 kg /hm²，基施N 180 kg /hm²，返青、拔节追N 120 kg /hm²；P_2O_5基施120 kg /hm²；K_2O基施90 kg/hm²。磷、钾肥在播种前作基肥一次施入。除氮肥外，冬前和返青期各漫灌浇水1次，生育期内按冬小麦高产栽培技术规程进行管理。各处理氮肥施用量见表5.1。

表 5.1　缓控释肥产品减施增效北京房山试验处理设计

处理		施肥方式	施氮量（kg/hm²）	减氮（%）
CK	不施氮	一次底施	0	–
习惯	基 60%速 N+40%速 N	底施+追施	270	–
1	40%控 N+60%速 N	一次底施	243	10
2	40%控 N+60%速 N	一次底施	216	20
3	40%控 N+60%速 N	一次底施	189	30
4	40%控 N+60%速 N	一次底施	162	40

泰安的田间试验共设置 10 个处理，各处理 P_2O_5、K_2O 用量相等。小麦习惯施肥：施氮 240 kg/hm²，其中，基施 144 kg/hm²，返青、拔节追施 96 kg/hm²；P_2O_5 基施 105 kg/hm²；K_2O 基施 90 kg/hm²。具体试验氮肥用量见表 5.2。

表 5.2　缓控释肥产品减施增效山东泰安试验处理设计

处理编号	处理说明	施肥方式	施氮量（kg/hm²）	施氮量（kg/亩）	减氮（%）
CK	不施氮	一次底施	0	0	–
习惯	基 60%速 N+40%速 N	底施+追	240	16	–
100%N	100%控 N	一次底施	240	16	0
90%N	40%控 N+60%速 N	一次底施	216	14.4	10
80%N	40%控 N+60%速 N	一次底施	192	12.8	20
70%N	40%控 N+60%速 N	一次底施	168	11.2	30
60%N	40%控 N+60%速 N	一次底施	144	9.6	40
75%N₁	40%控 N（1/3PU30+2/3 PU60）	一次底施	180	12	25
75%N₂	40%控 N（2/3PU60+1/3 PU90）	一次底施	180	12	25
75%N₃	40%控 N（1/2PU30+1/2 PU90）	一次底施	180	12	25

5.3　供试材料

北京市房山区试验点：2017 年 10 月至 2018 年 6 月冬小麦试验品种为农大 5133；2018 年 10 月至 2019 年 6 月冬小麦试验品种为中麦 3284；2019 年 10 月至 2020 年 6 月冬小麦试验品种为中麦 886。山东省泰安市试验点：冬小麦供试品种为太麦198。供试的包膜控释尿素由四川好时吉化工有限公司生产，释放期为60d，控释肥料包膜率7.38%，含氮量42.6%。

5.4 测试指标与方法

群体动态：小麦于三叶期调查基本苗并间苗。选取长势均匀一致的区域划定1 m×6 行小区，分别于越冬期、拔节期、开花期、成熟期各关键生育时期进行群体大小的动态调查，并根据行距计算单位面积茎数，计算公式为

$$单位面积茎数（stem/m^2）＝平均1 m 每行茎数÷行距（m）$$

叶片光合能力：开花期至花后30 d，各处理间隔随机取等量旗叶、倒三叶鲜样，经液氮速冻后于-40℃冰箱中保存待测。叶绿素含量参照 Arnon（1949）[31]的方法进行测定。开花期至花后30 d，各处理间隔随机选取等量旗叶、倒三叶测量叶长和叶宽。计算公式为

$$叶面积＝叶长×叶宽×0.83$$

干物质分配与转运：于开花期和成熟期分别随机选取单行0.5m 样段植株测定干物质。开花期植株样品按叶片、茎秆+叶鞘和穗分样，成熟期植株样品按叶片、茎秆+叶鞘、穗轴+颖壳和籽粒分样。将植株样品立即放入烘箱经105℃杀青30 min 后，在80℃条件下，将样品烘干至恒重，称干物质量。开花后干物质分配与转运的参数计算公式为

$$成熟期干物质向籽粒器官中的分配比例（\%）＝$$
$$成熟期干物质在籽粒器官中的分配量/成熟期地上部干物质积累量×100\%$$
$$花前营养器官贮藏同化物转运量＝开花期干物质量-成熟期干物质量$$
$$花前营养器官贮藏同化物对籽粒的贡献率（\%）＝$$
$$花前营养器官贮藏同化物转运量/成熟期籽粒干重×100\%$$
$$花后同化物在籽粒中的分配量＝成熟期籽粒干重-花前营养器官贮藏同化物转运量$$
$$花后同化物对籽粒的贡献率（\%）＝\frac{花后同化物在籽粒中的分配量}{成熟期籽粒干重}×100\%$$

氮素积累、分配与利用：采用凯氏定氮仪（半微量凯氏定氮法；KY-9260 型半自动凯氏定氮仪；北京思贝得仪器公司）进行全氮含量测定。各器官干重与其相应全氮含量的乘积即为其氮素积累量。氮素分配与利用的参数计算公式为

$$成熟期（或开花期）氮素在器官中的分配比例（\%）＝$$
$$成熟期（或开花期）氮素在器官中的分配量/成熟期地上部氮素积累量×100\%$$

冬小麦产量及产量构成因素：小麦成熟后调查每个处理的穗数、穗粒数和千粒重，每个试验小区收获 2 m² 脱粒测产，3 次重复，自然风干后称重计算平均产量。氮肥利用率、氮素农学利用率、氮素利用效率见 3.1.1。

5.5　数据处理及统计分析

采用 Microsoft Excel 2010、DPS 7.05 数据分析软件进行数据的整理和统计分析。方差分析采用 Fisher Protected Least Significance Difference（LSD）判别法判断各影响因素的显著性；若该因素影响显著，处理间的多重比较采用 LSD 法进行判别，判别标准为 $P<0.05$。采用 Sigma Plot 12.5 和 Microsoft Word 2010 软件作图。

5.6　研究结果

5.6.1　小麦专用缓控释肥产品研制

根据小麦的需肥规律，结合北京房山及山东泰安的小区试验结果，研制出小麦控释专用肥料配方两个，氮、磷、钾配比为 25：14：12 和 25：13：12；均内含 40% 控释氮素，包膜控释尿素的释放期为 60 d。根据《缓释肥料通用要求》（NY/T 2267—2016）、《缓释肥料养分释放率的测定》（NY/T 3040—2016）进行实验室测定 60 d 包膜控释尿素氮素溶出。通过连续 3 年田间试验，明确了控释尿素在室内外释放特征（图 5.1、图 5.2）。

在北京房山的（图 5.1）结果表明，包膜控释氮素的田间释放特征与小麦的需肥规律基本吻合。包膜控释氮素冬前的氮素溶出率平均为 47% 左右，返青至灌浆的氮素溶出率达到 56%~81%。小麦越冬期气温低，包膜控释氮素释放缓慢且积存于土壤耕层中；小麦拔节期至灌浆期气温回升，控释氮素释放加速，而此阶段也是冬小麦的需肥高峰期。

在山东泰安的结果（图 5.2）呈现类似规律，不同释放期的控释肥料在静水和大田中的氮素释放特征具有差异。释放期 30 d、60 d、90 d 的控释尿素在静水中释放率达到 80% 的释放天数分别为 42 d、63 d 和 100 d；在大田条件下，3 个试验年度不同释放期的控释尿素的释放曲线基本一致，释放期为 30 d 的控释尿素作基肥施用后，在 52 d 时的氮素释放率平均为 85.8%，245 d 时的释放率为 96.5%，基本释放完全；释放期为 60 d、90 d 的包膜控释尿素氮素在小麦

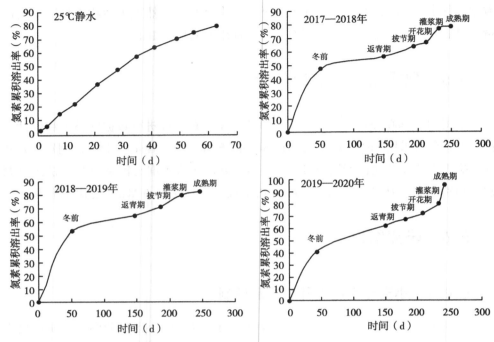

图 5.1　包膜控释尿素在静水和大田中的释放特征曲线（北京房山）

冬前的田间释放率平均分别为 62.6%、45.6%，越冬期释放较慢，氮素释放速率分别从前期的 2.62×10^{-2} g/d、1.92×10^{-2} g/d 降低为 3.41×10^{-3} g/d、1.92×10^{-3} g/d，小麦拔节期后的释放率加快，小麦成熟期的总释放率分别达到 94.4%、71.2%，溶出过程与小麦的吸氮规律基本吻合。小麦全生育期的氮素释放速率与 10cm 土层地温大小（图 5.3）呈显著正相关（$r^2 = 0.958^{**}$），地温是影响 60 d 和 90 d 释放期的控释尿素释放特征差异的主要原因。释放期 90 d 的包膜控释尿素在小麦生长前期释放较少，收获时的氮溶出率仅为 71.2%，仍有较大部分的氮素未得到释放。

根据国家肥料登记的相关管理规定，肥料登记单位只能是具有生产和销售肥料相关资质的企业才能登记。因此，委托北京富特来复合肥料有限公司进行肥料登记工作，取得的肥料登记见图 5.4。

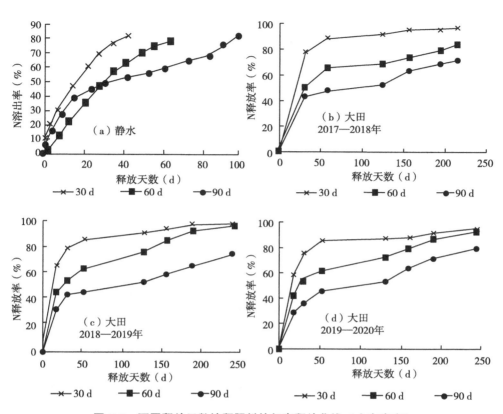

图 5.2　不同释放天数控释肥料的氮素释放曲线（山东泰安）

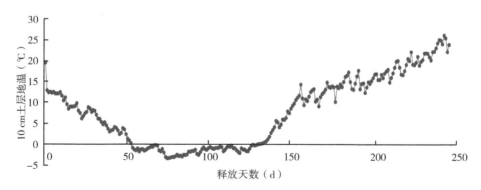

图 5.3　小麦全生育期 10cm 土层地温（山东泰安）

图 5.4　小麦控释专用肥肥料登记证

5.6.2　小麦专用缓控释肥产品田间试验评价

5.6.2.1　控释肥条件下减施与小麦群体结构（2018—2019 年）

各处理的小麦全生育期单位面积群体数量呈先升高后降低的趋势，最大值出现在起身拔节期，拔节后开始两极分化，群体变小（图 5.5）。不同施肥水平处理间比较，苗期各处理群体数量相差较小，冬前开始施肥处理的群体数量即高于不施肥处理，且习惯施肥处理的冬前、起身期的群体数量均最高；各处理分蘖成穗率从 33.4%~41.7% 不等，CK 和 60%N 处理的分蘖成穗率最低，其他控释肥处理的小麦分蘖成穗率均高于习惯施肥处理，增加幅度为 0.7%~5.4%。可见，肥料种类的不同影响了群体数量的变化趋势，与习惯施肥处理相比，控释性肥料处理在小麦前期的群体数量较少，但成熟期相差不大，这是因为控释肥能够减少次级分蘖在拔节后的两极分化中损失，有助于提高分蘖成穗率。

5.6.2.2　控释肥条件下减施与成熟期干物质分配

小麦成熟期干物质在不同器官中的分配量和比例依次为：籽粒>茎鞘+叶片>穗轴+颖壳。肥料处理可以明显影响不同器官的干物质分配。成熟期籽粒中干物质分配量以 CK 处理最低，其次为 60%N、75%N$_2$ 和习惯施肥处理；90%N 处理最高，且与 80%N 处理显著高于习惯施肥处理。成熟期小麦籽粒中干物质的分配率与分配量的趋势一致，也以 CK 处理最低，90%N 处理最高，且除 70%N 和 60%N 处理外，其余的控释肥处理的籽粒中干物质的分配率均高于习惯施肥处理。说明，与习惯施肥处理相比，施用控释肥可以显著增加成熟期籽粒中干物质的分配量和分配比例，降低营养器官中干物质的分配比例，促进了花后营养器官光合产物向籽粒的转运，有利于籽粒产量的提高（表 5.3）。

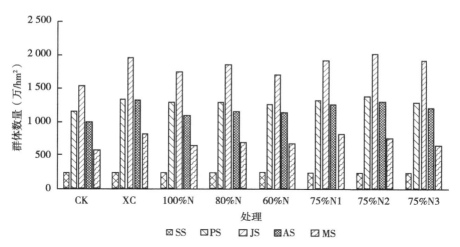

图 5.5　控释肥条件下小麦不同生育期群体结构（山东泰安）

注：SS，苗期；PS，越冬期；JS，拔节期；AS，开花期；MS，成熟期。

表 5.3　控释肥条件下成熟期干物质在不同器官中的分配

处理	籽粒		穗轴+颖壳		茎鞘+叶片	
	（g/stalk）	比例（%）	（g/stalk）	比例（%）	（g/stalk）	比例（%）
CK	0.88e	43.81b	0.34a	16.89a	0.79d	39.29a
习惯	1.21cd	49.33ab	0.37a	15.34ab	0.86bcd	35.33abc
100%N	1.27bc	51.25a	0.34a	13.55bc	0.88bcd	35.20bc
90%N	1.48a	52.48a	0.38a	13.40bc	0.96ab	34.11c
80%N	1.39ab	51.67a	0.34a	12.70c	0.96ab	35.63abc
70%N	1.24bcd	48.71ab	0.35a	13.76bc	0.95abc	37.53abc
60%N	1.19cd	47.99ab	0.34a	13.58bc	0.95abc	38.43ab
75%N$_1$	1.32abc	51.12ab	0.34a	13.09bc	0.92abc	35.79abc
75%N$_2$	1.19cd	49.83ab	0.34a	14.33bc	0.85cd	35.85abc
75%N$_3$	1.28bc	47.57ab	0.39a	14.59abc	1.02a	37.84abc

5.6.2.3　控释肥条件下开花后营养器官干物质再分配及其籽粒贡献率

小麦籽粒灌浆物质主要是来自花后的光合作用和花前储存碳库的再转运，花前储存碳库的再转运主要体现在灌浆期茎、叶等营养器官干物重的较少。由表 5.4 可以看出，CK 和习惯施肥处理营养器官开花前贮藏同化物转运量高于其他施肥处理，而花后干物质的积累量较小。说明低 CK 和习惯施肥处理促进了开花前营养器官贮藏同化物向籽粒的转运。

表 5.4　控释肥条件下小麦花后营养器官干物质再分配和花后积累量

处理	营养器官花前贮藏同化物转运量（g/stalk）	营养器官花前贮藏同化物转运率（%）	开花前贮藏同化物转运量对籽粒的贡献率（%）	花后干物质积累量（g/stalk）	花后干物质积累量对籽粒的贡献率（%）
CK	0.63a	35.56a	57.19b	0.47e	42.81g
习惯	0.55b	31.45bc	45.54c	0.66d	54.46f
100%N	0.46cd	25.77e	36.49def	0.77cd	63.51cde
90%N	0.44e	25.54e	31.68g	0.86bc	66.32bc
80%N	0.51bc	25.92e	33.36fg	0.85bc	66.64bc
70%N	0.53bc	30.51bc	39.99d	0.77cd	60.01e
60%N	0.54b	31.93b	46.74c	0.63d	53.26f
75%N$_1$	0.53bc	27.65de	35.15efg	0.96b	64.85bcd
75%N$_2$	0.49c	30.21bc	36.51def	0.85bc	63.49cde
75%N$_3$	0.32f	18.88f	20.43h	1.01a	69.57a

施肥处理间比较，与习惯施肥处理相比，除 60%N 处理外其他控释肥处理的花后干物质积累量均较高，增加幅度在 16.7%～53%，花后干物质积累量对籽粒的贡献率也显著高于习惯施肥处理，最大的 75%N$_3$ 处理比习惯施肥增加 15.1 个百分点。说明在本试验条件下施用控释肥料不利于小麦花前贮藏物质向籽粒中的转运，其籽粒产量的增加主要是花后干物质积累量和花后干物质积累对籽粒的贡献率增加的结果。

5.6.2.4　开花期氮素在小麦各器官中的积累与分配（2018—2019 年）

由表 5.5 可以看出，开花期小麦植株氮素分配量以叶片中最多，穗轴+颖壳中最少，茎鞘居中。肥料处理可以明显影响不同器官的氮素积累和分配。小麦开花期植株氮素总积累量以 CK 处理最低，其次为 60%N、习惯施肥和 70%N 处理；90%N 处理最高，且与 100%N 处理显著高于习惯施肥处理。说明，与习惯施肥处理相比，施用控释肥可以显著增加开花期植株中的氮素积累量。

表 5.5　控释肥条件下开花期氮素在小麦各器官中的积累与分配

处理	含氮量（%）				氮素积累量（mg/stem）			分配比例（%）		
	叶片	穗轴+颖壳	茎鞘	总和	叶片	穗轴+颖壳	茎鞘	叶片	穗轴+颖壳	茎鞘
CK	3.22d	1.85cd	0.68d	24.29e	9.85e	7.07c	7.37d	40.56a	29.10ab	30.34e
习惯	3.46bc	1.91bc	0.90abc	27.95c	9.67cd	7.08c	11.20a	36.85d	24.47d	38.68a
100%N	3.72a	1.97b	1.00a	31.64a	12.25a	7.75b	11.64a	38.71bc	24.50d	36.79b
90%N	3.72a	2.13a	0.91ab	31.85a	11.89ab	8.93a	11.02a	37.35cd	28.04b	34.61cd
80%N	3.77a	1.97b	0.92ab	29.91b	11.18bc	7.82bc	10.91ab	37.38cd	26.14c	36.47b
70%N	3.37cd	1.76d	0.84bc	28.03c	10.71cd	7.24bc	10.08bc	38.20bcd	25.82c	35.98bc
60%N	3.28cd	1.75d	0.78cd	26.93d	9.92e	8.50bc	8.52d	39.80ab	30.06a	30.15e
75%N₁	3.74a	1.96b	0.93ab	28.36c	11.15bc	7.51bc	9.70c	39.33ab	26.47c	34.20d
75%N₂	3.47b	1.85cd	0.89abc	28.65c	11.39bc	7.62bc	9.64c	39.74ab	26.59c	33.67d
75%N₃	3.45bc	1.91bc	0.89abc	28.95bc	10.67cd	7.08c	11.20a	36.85d	24.47d	38.68a

5.6.2.5　开花后营养器官中的氮素转运量和氮素积累量（2018—2019 年）

由表 5.6 可以看出，成熟期小麦植株氮素在各器官中的积累量以籽粒中最多，茎鞘居中，叶片和穗轴+颖壳中的较少。肥料处理可以明显影响不同器官的氮素积累和分配。成熟期各处理小麦籽粒含氮量以 CK 处理最低，控释肥处理均高于习惯施肥处理，平均增加 0.38 个百分点。氮素总积累量以 CK 处理最低，其次为 60%N 和习惯施肥处理；氮素总积累量以 90%N 处理最高，且与 100%N 和 80%N 处理差异不显著，但均显著高于习惯施肥处理，增加幅度分别为 15.05%、11.87% 和 9.9%。其余控释氮肥处理的氮素积累量除 60%N 处理外，也均高于习惯施肥处理，但差异未达到显著水平。说明与习惯施肥处理相比，施用控释肥可以显著增加成熟期氮素积累总量及籽粒中的分配量和分配比例，有利于氮素利用率的提高。

表5.6 控释肥条件下成熟期氮素在小麦各器官中的积累与分配

处理	含氮量（%）				氮素积累量（mg/stem）					分配比例（%）			
	叶片	茎鞘	穗轴+颖壳	籽粒	总和	叶片	茎鞘	穗轴+颖壳	籽粒	叶片	茎鞘	穗轴+颖壳	籽粒
CK	1.07abc	0.32e	0.58 bc	1.39c	27.22f	1.33c	2.20h	1.79d	21.91e	4.88abc	8.08cde	6.57b	80.47bc
习惯	0.99c	0.32e	0.59bc	1.87bc	33.03cde	1.55ab	2.45gh	2.05cd	26.99bcd	4.70bcd	7.42e	6.20bc	81.68ab
100%N	1.02bc	0.39bc	0.55c	2.09b	36.80ab	1.82a	3.22bc	2.10bc	29.66ab	4.94ab	8.76bc	5.70cde	80.61bc
90%N	1.00c	0.43ab	0.50c	2.22ab	38.00a	1.62ab	3.51a	1.88cd	30.99a	4.25 de	9.24ab	4.95f	81.56ab
80%N	1.06abc	0.36cd	0.72a	2.29ab	36.30ab	1.50bc	2.76def	2.44a	29.60ab	4.13e	7.61de	6.71ab	81.54ab
70%N	1.01bc	0.36cd	0.34d	2.27ab	35.79abc	1.51bc	2.88de	1.24e	30.16ab	4.22de	8.05cde	3.46g	84.26a
60%N	1.00c	0.35de	0.56c	2.07ab	32.20de	1.67ab	2.69efg	1.95cd	25.89cd	5.19a	8.35bcd	6.04bcd	80.41bc
75%N₁	1.02bc	0.38cd	0.32d	2.24ab	34.33bcd	1.50bc	3.01cd	1.14e	28.68abc	4.37de	8.78bc	3.33g	83.52a
75%N₂	1.10ab	0.46a	0.71a	2.45a	33.45cde	1.46bc	3.33ab	2.43a	26.23cd	4.37de	9.97a	7.26a	78.41c
75%N₃	1.01bc	0.45a	0.65ab	2.36ab	35.31abc	1.63ab	3.54a	2.28ab	27.86bc	4.62bcd	10.03a	6.45b	78.90c

5.6.2.6　控释肥条件下减施对土壤硝态氮、铵态氮分布的影响

从表 5.7 和图 5.6、图 5.7 北京房山的结果可以看出，减氮（－N10%、
－N20%、－N30%、－N40%）处理与农民习惯施肥比，各减氮处理 0~200 cm 土层
的硝态氮、铵态氮积累量均降低；减氮处理 0~100 cm 土层硝态氮和铵态氮积累
总量分别降低 94.4~383.3 kg/hm²、78.3~378 kg/hm²、118.9~489.2 kg/hm²、
106.7~414.1 kg/hm²，减少 31.6%~59.3%、26.2%~58.4%、39.8%~75.6%、
35.8%~64%。

表 5.7　控释肥条件下 0~100 cm 土层硝态氮和铵态氮积累量

年份	处理	0~20 cm	20~40 cm	40~60 cm	60~80 cm	80~100 cm	0~100 cm
	CK	29.4	10.0	8.6	14.2	23.2	85.5
	农民习惯	84.8	64.1	71.6	74.5	67.1	362.2
2017—2018 年	－N10%	71.3	24.6	37.3	52.3	30.9	216.4
	－N20%	45.8	44.3	44.3	32.9	36.2	203.5
	－N30%	42.2	33.2	37.5	42.0	33.2	188.1
	－N40%	25.2	20.1	36.0	35.5	27.5	144.3
	CK	32.0	11.6	7.5	5.8	17.2	56.9
	农民习惯	39.9	76.4	66.6	115.6	101.9	298.4
2018—2019 年	－N10%	42.7	45.7	58.3	57.3	89.3	204.0
	－N20%	30.5	44.3	61.7	83.6	78.1	220.1
	－N30%	36.4	23.6	52.0	67.4	72.0	179.5
	－N40%	37.8	33.8	51.2	69.0	64.0	191.7
	CK	17.4	16.1	6.4	2.9	2.6	45.3
	农民习惯	43.9	155.9	154.7	137.9	154.4	646.7
2019—2020 年	－N10%	48.0	44.4	47.5	47.0	76.5	263.4
	－N20%	58.6	38.7	38.4	51.0	81.9	268.7
	－N30%	29.6	31.4	20.1	27.2	49.1	157.5
	－N40%	31.6	32.7	42.1	48.6	77.6	232.6

土壤剖面中无机氮以 NO_3^--N 为主，占土壤无机氮的 90% 以上，NH_4^+-N 含量
较小且稳定，因此，土壤无机氮的变化主要指 NO_3^--N 的变化。图 5.8 为山东泰安
不同处理的小麦在不同生育时期 0~100 cm 土层的硝态氮变化情况。2017—2018
年度的结果表明，不施氮处理在冬前至拔节期的 0~100 cm 土层、成熟期 0~80

cm 土层的硝态氮含量均分别显著低于各施氮处理。施氮处理间比较，冬前期 0～60 cm 土层硝态氮含量均以习惯处理最高，控释氮肥处理的硝态氮含量小于普通氮肥处理，60～100 cm 土层硝态氮含量没有显著差异。小麦拔节期，不同处理 0～

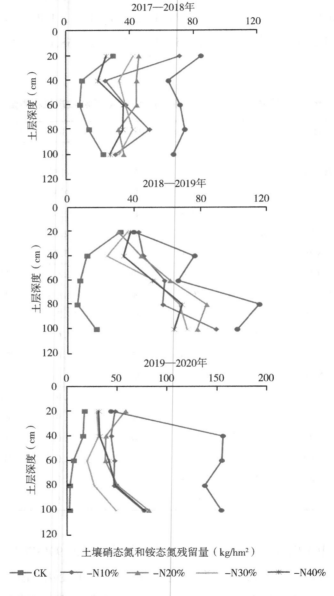

图 5.6　控释肥条件下减施氮肥 0～100 cm 土层硝态、铵态氮累积（北京房山）

40 cm 土层硝态氮含量显著降低，0~20 cm 土层以习惯处理最高，控释氮肥处理的硝态氮含量开始高于同等量的普通氮肥处理。成熟期，0~40 cm 土层硝态氮含量以 100%N 处理最高，100%N、80%N、75%N$_2$、处理的硝态氮含量显著高于习惯施肥处理，100%N、80%N 处理 60~100 cm 土层硝态氮含量高于其他处理。

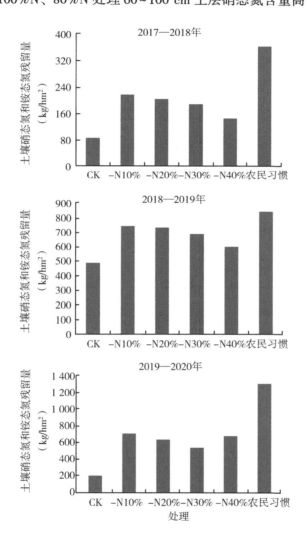

图 5.7　控释肥条件下减施氮肥 0~200cm 土层硝态、铵态氮累积（北京房山）

2018—2019 年度和 2019—2020 年度小麦在不同生育时期 0~100 cm 土层的硝态氮结果显示，不施氮处理在冬前、拔节期、成熟期 0~100 cm 各土层的硝态氮含量均低于施氮处理。冬前期 0~80 cm 各土层硝态氮含量均以习惯处理最高，控

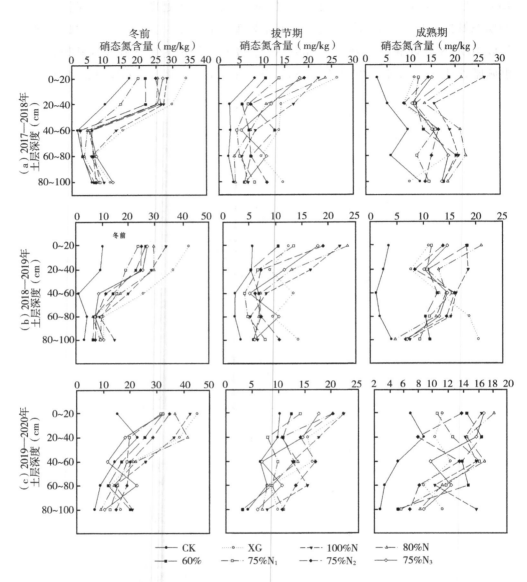

图 5.8　控释肥条件下小麦田 0~100 cm 土层硝态氮含量（山东泰安）

释氮肥处理的硝态氮含量小于普通氮肥处理，拔节期 100%N、80%N、75%N$_2$、75%N$_3$ 处理的 0~40 cm 土层硝态氮含量高于普通氮肥处理。成熟期，0~60 cm 土层控释氮肥处理的硝态氮含量高于普通氮肥处理，60~100 cm 的硝态氮含量显著低于普通氮肥处理。

因此，施氮量和肥料种类均可以影响旱地小麦 0~100 cm 土层硝态氮含量，与普通氮肥相比，控释氮肥在小麦生育前期各土层的硝态氮含量较小，但增加了生育后期各土层的硝态氮含量，有利于小麦吸收利用，增加产量。

5.6.2.7　控释肥料条件下减施与冬小麦产量及构成因素

单位面积穗数、单穗粒数、千粒重是小麦产量构成的主要因素，是产量评价的重要指标。北京房山（表 5.8）的结果表明，减氮（-N10%、-N20%、-N30%、-N40%）处理与农民习惯施肥比，小麦产量分别提高 4.8%~6.8%、2.6%~7.8%、0.2%~1.2%、-5.1%~-1.7%。

表 5.8　控释肥条件下小麦产量及构成因素（北京房山）

年度	处理	穗数（万/hm²）	穗粒数（粒）	千粒重（g）	产量（kg/hm²）
2017—2018 年	CK	604±47a	24±1b	45.3±2.1a	6 855.8±216.86c
	习惯	629±23a	28±3a	41.7±1.7a	7 271.5±234.10ab
	-N10%	620±31a	30±2a	42.7±0.8a	7 621.4±375.82a
	-N20%	617±55a	28±1a	42.9±5.5a	7 462.5±101.27ab
	-N30%	616±54a	28±1a	43.2±1.3a	7 289.3±205.97ab
	-N40%	616±10a	27±1a	44.3±2.4a	7 114.3±103.02bc
2018—2019 年	CK	545±14a	31±1a	40.4±1.7b	7 005.9±391.17c
	习惯	560±19a	32±1a	42.7±1.1ab	7 705.1±101.63ab
	-N10%	598±44a	34±2a	43.3±1.0a	8 180.5±689.56a
	-N20%	579±26a	33±1a	42.8±1.4ab	8 172.7±20.64a
	-N30%	563±23a	33±1a	42.8±0.5ab	7 797.7±345.84ab
	-N40%	560±28a	31±1a	42.4±0.9ab	7 310.1±255.19bc
2019—2020 年	CK	589±32d	24±1b	54.8±2.5a	7 112.4±251.5c
	习惯	624±29ab	26±2a	51.2±3.2b	7 502.0±189.6b
	-N10%	638±21a	28±1a	54.6±1.4a	8 015.8±74.6ab
	-N20%	629±15ab	27±2a	54.8±4.8a	8 086.6±254.4a
	-N30%	618±36bc	23±1b	46.8±2.6c	7 571.0±165.3b
	-N40%	603±24c	23±1b	49.7±3.4bc	7 369.6±285.1bc

山东泰安（表5.9）结果表明，施肥量及肥料种类可以明显影响冬小麦产量及其构成因素。3年度数据中，不施肥处理CK的产量最低，施肥处理间比较，与习惯处理相比，2017—2018年度70%N、60%N处理产量降低，分别比习惯处理降低3.6%和7.3%；90%N、100%N处理产量显著高于习惯处理，分别增加8.6%和7.3%；80%N、75%N$_1$、75%N$_2$、75%N$_3$等4个处理的产量与习惯施肥处理相比有升有降，但都未达到显著差异；2018—2019年度，70%N、60%N处理产量比习惯处理降低0.2%、4%，其余控释肥处理产量均高于习惯施肥处理，100%N处理产量最高，增产6.6%，90%N、80%N处理分别增产4.6%、5.0%，75%N$_1$、75%N$_2$、75%N$_3$等3个处理产量均略高于习惯施肥处理，但未达到显著差异；2019—2020年度，90%N处理产量最高，同80%N、100%N处理产量均显著高于习惯施肥处理。

表5.9　控释肥条件下小麦产量及构成因素（山东泰安）

年度	处理	穗数 （1×10⁴/亩）	穗粒数	千粒重 （g/1 000）	库容量 （1×10⁶/亩）	产量 （kg/亩）	收获指数
	CK	34.1b	29.4c	43.7a	10.0c	457.1e	0.46a
	习惯	42.3ab	33.4abc	41.4bcd	14.2ab	517.1bc	0.43ab
	100%N	43.1a	33.5abc	40.9cd	14.9ab	554.5a	0.44ab
	90%N	44.8a	33.4abc	40.0d	16.3a	561.5a	0.42b
2017—2018年	80%N	43.6a	37.5a	42.2abc	14.4ab	538.8ab	0.44ab
	70%N	41.0ab	32.6bc	42.9abc	13.4b	498.5de	0.46a
	60%N	42.1ab	35.3ab	43.0ab	13.3b	479.5de	0.44ab
	75%N$_1$	41.6ab	31.9bc	42.9abc	14.8ab	523.4bc	0.45ab
	75%N$_2$	39.5b	35.3ab	41.9abcd	14.0ab	511.2bc	0.43ab
	75%N$_3$	42.9ab	34.3ab	43.2ab	14.7ab	535.4ab	0.44ab
	CK	40.6f	31.2c	47.6a	12.7f	481.4f	0.47a
	习惯	43.8cde	33.7abc	46.5ab	14.8cde	559.0de	0.45ab
	100%N	48.1a	36.0a	44.9b	17.3a	596.1a	0.44ab
	90%N	46.8ab	35.8a	46.1ab	16.8ab	584.5abc	0.42b
2018—2019年	80%N	45.9abcd	35.5a	46.3ab	16.3abc	586.8ab	0.45ab
	70%N	46.1abc	35.5a	45.9ab	16.4abc	557.8de	0.43ab
	60%N	42.1ef	32.2bc	46.2ab	13.5ef	536.8e	0.44ab
	75%N$_1$	44.9bcd	33.8abc	45.7ab	15.2bcde	559.8cde	0.46ab
	75%N$_2$	44.8bcd	35.4ab	45.7ab	15.9abcd	564.7bcd	0.44ab
	75%N$_3$	43.7de	33.2abc	46.5ab	14.5de	568.1bcd	0.45b

（续表）

年度	处理	穗数 （1×10^4/亩）	穗粒数	千粒重 （g/1 000）	库容量 （1×10^6/亩）	产量 （kg/亩）	收获 指数
2019—2020 年	CK	38.8c	35.2c	47.8a	13.6d	477.3d	0.48a
	习惯	41.4bc	36.2abc	44.9b	15.0bcd	553.3b	0.46ab
	100%N	46.5a	37.4a	43.0b	17.4a	573.8ab	0.45ab
	90%N	46.7a	37.5a	43.0b	17.5a	588.5a	0.43b
	80%N	45.3ab	37.1ab	43.3b	16.8abc	579.0ab	0.44ab
	70%N	42.2abc	35.5bc	45.1b	15.0bcd	555.2b	0.46ab
	60%N	39.1c	37.1ab	44.0b	14.5cd	511.9c	0.45ab
	75%N$_1$	41.0bc	36.6abc	44.9b	15.0bcd	567.7ab	0.46ab
	75%N$_2$	45.7ab	37.0abc	43.6b	16.9ab	561.3ab	0.43b
	75%N$_3$	44.3ab	36.8abc	44.5b	16.3abc	558.2ab	0.42b

在产量构成三要素中，综合 3 年度数据分析，穗数以 CK 处理最低，平均为 37.8×10^4/亩，90%N 处理最高，平均为 46.1×10^4/亩，但施肥处理间差异不显著；穗粒数以 CK 处理最低，80%N 处理最高，其他处理间差异不显著；千粒重以 CK 处理最高，其他施肥处理见差异不显著；不同处理间群体库容量的变化趋势与产量相似，两者间呈正相关关系（$r=0.851^{**}$）。可见，随着施肥量的增加，小麦籽粒产量也增加，控释氮肥与普通氮肥相比，可以在减少施肥量的情况下仍保持产量稳定，群体库容量的增加在其中起了很大作用。在本试验条件下，在减氮 10%~25%的情况下使用控释氮肥与普通氮肥按一定比例配合基施可以保证小麦产量稳定，使用控释肥料在小麦减肥中的作用突出。

5.6.2.8　控释肥条件下减施与冬小麦氮素利用率

由表 5.10 北京房山 3 年的结果看出，减氮（-N10%、-N20%、-N30%、-N40%）处理与农民习惯施肥比，氮素利用率分别提高了 15.7%、10%、2.9%、-3.1%。

表 5.10　控释肥条件下冬小麦氮肥利用率（北京房山）

处理	施氮量 （kg/hm²）	氮肥利用率（%）		
		2017—2018 年	2018—2019 年	2019—2020 年
CK	0			
习惯	270	19.3±2.5a	33.1±1.0ab	31.6±3.0b

（续表）

处理	施氮量（kg/hm²）	氮肥利用率（%）		
		2017—2018 年	2018—2019 年	2019—2020 年
-N10%	243	21.7±1.3a	36.1±2.5a	39.3±2.8a
-N20%	216	22.7±3.3a	35.8±0.8a	34.0±4.0ab
-N30%	189	20.6±2.8a	34.2±4.1ab	31.6±2.4b
-N40%	162	19.2±0.6a	32.8±1.6c	29.4±3.2b

根据山东泰安 3 年度的数据（表 5.11），氮素农学利用率的平均值以 90N%
和 80N%最高，分别为 6.45 kg/kg 和 6.48 kg/kg。2017—2018 年度小麦氮素农学
利用率以 60%N 处理最低，70%N 处理也低于习惯施肥处理，其余的控释氮肥处
理的氮素农学利用率均高于习惯施肥处理，增加幅度为 16.8%~48.3%；2018—
2019 年度，100%N、90N%和 80N%的氮素农学利用率均显著高于习惯施肥处理；
2019—2020 年度，除 60%N 处理外，其他控释肥处理的氮素农学利用率均显著高
于习惯施肥处理。

表 5.11　控释肥条件下冬小麦氮素利用率（山东泰安）

年度	处理	施氮量（kg/hm²）	产量（kg/hm²）	氮素农学利用率（kg/kg）	氮素利用率（%）
2017—2018 年	CK	0	6 856.5	—	—
	习惯	240	7 756.5	3.75	34.9 c
	100%N	240	8 317.5	6.09	43.0 ab
	90%N	216	8 422.5	7.25	45.1 a
	80%N	192	8 082.0	6.38	43.8 ab
	70%N	168	7 477.5	3.70	40.4 ab
	60%N	144	7 192.5	2.33	37.5 bc
	75%N₁	180	7 851.0	5.53	41.3 ab
	75%N₂	180	7 668.0	4.51	42.0 ab
	75%N₃	180	8 031.0	6.53	42.5 ab

（续表）

年度	处理	施氮量（kg/hm²）	产量（kg/hm²）	氮素农学利用率（kg/kg）	氮素利用率（%）
2018—2019 年	CK	0	7 220.6	—	—
	习惯	240	8 385.5	2.35	33.6 f
	100%N	240	8 941.1	4.67	44.5 a
	90%N	216	8 767.2	4.38	44.8 a
	80%N	192	8 801.7	5.11	43.2 ab
	70%N	168	8 366.9	3.25	39.7 cd
	60%N	144	8 051.4	1.60	37.1 e
	75%N₁	180	8 397.3	3.20	38.4 de
	75%N₂	180	8 469.8	3.61	40.3 cd
	75%N₃	180	8 522.1	3.90	41.6 bc
2019—2020 年	CK	0	7 159.9	—	—
	习惯	240	8 299.5	4.75	33.7 c
	100%N	240	8 607.5	6.03	38.8 ab
	90%N	216	8 827.0	7.72	39.6 a
	80%N	192	8 685.1	7.94	38.1 ab
	70%N	168	8 328.7	6.96	34.9 bc
	60%N	144	7 678.0	3.60	32.4 c
	75%N₁	180	8 516.2	7.54	37.9 ab
	75%N₂	180	8 418.9	6.99	35.3 b
	75%N₃	180	8 372.7	6.74	34.7 bc

2017—2018 年度，氮素利用率以 60%N 处理最低，为 33.5%，其次为习惯施肥处理，为 34.9%，90%N 处理最高，为 41.1%，其余的控释肥料处理均高于习惯施肥处理，增加幅度在 1.5%~6.2%；2018—2019 年度，氮素利用率以习惯施肥处理最低，为 33.6%，100%N 和 90%N 处理显著高于习惯施肥处理，分别为 39.5% 和 39.8%，其余的控释肥料处理均高于习惯施肥处理，增加幅度在 0.5%~6.2%，平均增幅为 3.1%；2019—2020 年度，氮素利用率以 60%N 处理最低，为 32.4%，其次为习惯施肥处理，为 33.7%，90%N 处理最高，为 39.6%，其余控释肥料处理的氮素利用率均高于习惯施肥处理，增加幅度在 1%~5.9%，平均增幅为 3.3%。可见，与习惯施肥处理相比，施用控释肥可以显著增加氮素利用效率。

5.6.2.9 控释肥条件下减施的经济效益分析

控释肥条件下小麦减施的经济效益分析见表5.12、表5.13。北京房山的结果表明，与农民习惯施肥比，减氮（-N10%、-N20%、-N30%、-N40%）处理净收入分别提高了1 013.6元/hm²、1 102元/hm²、512.6元/hm²、63元/hm²，提高了7.1%、7.7%、3.6%、0.4%，以-N20%的净收入增加最大。

可见，在北京房山采用释放期为60 d的包膜控释尿素，在控氮和速效氮配比为4:6的情况下，减氮10%~20%比农民习惯增产2.6%~7.8%，每公顷增加经济效益1 013.6~1 102元，提高氮素利用率2.7%~24.4%，明显降低土壤中铵态氮和硝态氮的累积。

表5.12 控释肥条件下小麦化肥减施经济效益（3年平均、北京房山）

处理	产量 (kg/hm²)	产值 (元/hm²)	氮肥用量（kg/hm²）		氮肥成本 (元/hm²)	追肥劳力投入 (元/hm²)	净收入 (元/hm²)
			普通尿素	包膜尿素			
CK	6 991.4	14 681.9	0		0	0	14 681.9
习惯	7 492.9	15 735.1	587.0	0	1 174.0	300.0	14 261.1
-N10%	7 939.2	16 672.3	317.0	231.4	1 397.6	0	15 274.7
-N20%	7 907.3	16 605.3	281.7	205.7	1 242.2	0	15 363.1
-N30%	7 552.7	15 860.7	246.5	180.0	1 087.0	0	14 773.7
-N40%	7 264.7	15 255.9	211.3	154.3	931.8	0	14 324.1

注：表内产量为三年度小麦产量平均值；表内价格均为三年度市场价平均值，普通尿素2 000元/t；包膜尿素3 300元/t；冬小麦2 100元/t；追肥劳动力投入300元/hm²。

表5.13 控释肥条件下小麦化肥减施经济效益（3年平均、山东泰安）

处理	产量 (kg/hm²)	产值 (元/hm²)	氮肥用量 N（kg/hm²）		氮肥成本 (元/hm²)	追肥劳力投入 (元/hm²)	净收入 (元/hm²)	净收入增加 (元/hm²)
			普通尿素	包膜尿素				
CK	7 279.0	15 285.9	0		0	0	—	—
习惯	8 147.2	17 109.1	521.9	0	1 043.7	300	377.6	—
100%N	8 622.0	18 106.1	0	563.3	1 859.5	0	817.6	440.0
90%N	8 672.2	18 211.7	281.8	202.8	1 232.7	0	1 628.5	1 250.9
80%N	8 522.9	17 898.1	250.4	180.4	1 096.5	0	1 505.0	1 127.4
70%N	8 057.7	16 921.1	219.1	157.7	958.6	0	719.8	342.2
60%N	7 640.6	16 045.3	187.5	135.1	821.7	0	34.7	-342.9

（续表）

处理	产量（kg/hm²）	产值（元/hm²）	氮肥用量 N（kg/hm²）		氮肥成本（元/hm²）	追肥劳力投入（元/hm²）	净收入（元/hm²）	净收入增加（元/hm²）
			普通尿素	包膜尿素				
75%N₁	8 254.8	17 335.2	234.7	168.1	1 024.1	0	1 042.4	664.8
75%N₂	8 185.6	17 189.7	234.7	167.7	1 022.8	0	898.6	521.0
75%N₃	8 308.6	17 448.0	234.7	165.5	1 015.6	0	1 166.3	788.7

注：表内小麦产量采用 3 年度平均值，尿素价格以 2019 年 9 月当时的市场价计，普通尿素 2 000 元/t，包膜尿素 3 300 元/t；冬小麦价格按 2019 年平均市场价 2 100 元/t，追肥劳动力投入 300 元/hm²。

在山东泰安的效益分析（表 5.13）表明，与习惯处理相比，100%N、90%N、80%N 氮肥成本分别提高 815.3 元/hm²、189 元/hm²、52.3 元/hm²；净收入分别增加 440.0 元/hm²、1 250.9 元/hm² 和 1 127.4 元/hm²，以 90%N 处理经济效益最高，除 60%N 处理外，其他控释肥处理的净收入也均高于习惯施肥处理。控释肥料的价格一般比普通肥料高 2~8 倍，即使用再生塑料的包膜控释尿素，每吨价格也比普通尿素高 1 000~1 500 元，冬小麦全量或减量施用包膜控释尿素成本太高，效果不理想，而包膜控释尿素与普通尿素配合基施既能满足冬小麦对氮素的需求，又能减少用工、提高产量，经济效益明显增加。

5.6.3　基于缓控释肥的冬小麦减施增效技术构建

基于上述 3 年的田间试验，构建了黄淮海地区冬小麦减施增效免追肥技术模式，并形成技术规程（附录 L）。技术模式的要点为：小麦播种前一次基施 50 kg/亩的释放期为 60 d 的包膜控释尿素，N、P、K 配方为 25−14−12（内含 40%控 N），控释尿素的包膜率是 8.32%，含氮量是 42.2%。其他管理措施同农民习惯施肥。

5.6.4　冬小麦减施增效免追肥技术示范及推广

5.6.4.1　技术示范

基于控释肥料的小麦减施增效免追技术，于 2018—2020 年在北京房山区阎村镇后十三里村示范 500 亩。示范区采用的化肥减施技术方案为：比农民习惯施肥减氮 30% 的条件下，配方肥（25−14−12）（含 40%控氮）50kg/亩，一次性人工撒施或机械抛施，旋耕或翻地后播种，其他管理措施同农民习惯施肥。农民习惯施肥（对照田）化肥施用情况为：小麦习惯施肥：N18kg/亩，基施 N10.8kg/亩，返青、拔节追 N7.2kg/亩；P_2O_5 基施 7kg/亩；K_2O 基施 6kg/亩。示范用的冬小麦控释专用肥是由北京富特来复合肥料有限公司在 2019 年 9 月加工生产，N、P、K 配方为 25-14-12（内含 40%控 N），亩用量 50kg/亩。所用释放期为 60 d 的包膜控释尿素的包膜率是 8.32%，含氮量是 42.2%。普通尿素的含氮量 46%。示范田在比农民习惯施肥减氮 30%的条件下，一次基施，其他管理措施同农民习惯施肥。

2019—2020 年度，在河北省三河市燕郊镇大柳店村示范基于控释肥的冬小麦减施增效免追肥示范田 610 亩。以该村农民习惯施肥为对照田，化肥施用情况为：N18kg/亩，基施 N7.2kg/亩，返青、拔节追 N11.8kg/亩；P_2O_5 基施 7kg/亩；K_2O 基施 6kg/亩。示范用冬小麦品种为"济麦 22"。

示范田土壤为轻壤土，前茬作物为夏玉米，土壤肥力性状见表 5.14。两年度示范田分别于 2018 年 10 月 16 日、2019 年 10 月 8 日播种，分别于 2019 年 6 月 14 日、2020 年 6 月 18 日收获。两年度示范田的磷、钾肥施用量与农民习惯相等，氮肥减施 30%，不同处理肥料配方、施肥量和施肥方法详见表 5.15。

表 5.14　控释肥示范田土壤肥力性状（0~20 cm）

年度	pH 值	有机质（g/kg）	硝态氮（mg/kg）	铵态氮（mg/kg）	有效磷（mg/kg）	速效钾（mg/kg）
2018—2019 年	8.0	11.0	18.5	2.2	14.0	135.0
2019—2020 年	8.6	13.6	11.8	1.8	12.2	118.1

表 5.15　控释肥条件下冬小麦减施示范试验设计

年度	处理	面积（亩）	施肥方式	施氮量（kg/hm²）	亩用量（kg/亩）
2018—2019 年	控释专用肥	500	25∶14∶12（含 40%控氮）种肥一次同播	187.5	50
	农民习惯	500	施氮 18 kg/亩，基施 10.8 kg/亩，返青、拔节追施 7.2 kg/亩；P_2O_5 基施 7 kg/亩；K_2O 基施 6 kg/亩	270	
2019—2020 年	控释专用肥	500	25∶14∶12（含 40%控氮）种肥一次同播	187.5	50
	农民习惯	500	施氮 18 kg/亩，基施 7.2 kg/亩，返青、拔节追施 11.8 kg/亩；P_2O_5 基施 7 kg/亩；K_2O 基施 6 kg/亩	270	

通过组织相关专家对示范田进行了测产验收，小麦产量及其构成因素结果见表 5.16，详细测产报告见图 5.9、图 5.10。由表 5.16 看出，在减氮 30% 的条件下，示范田比农民习惯产量增加133.5~1 122 kg/hm²，增产 1.8%~13%。

表 5.16　控释肥条件下小麦减施技术示范田产量及其构成因素

年度	处理	穗数 （万穗/hm²）	穗粒数 （粒/穗）	千粒重 （g）	平均产量 （kg/hm²）
2018—2019 年	示范田	514.95	31.4	42.4	7 450.5
	农民习惯	649.05	27.8	42.4	7 317.0
2019—2020 年	示范田	859.05	32.6	41.2	9 757.5
	农民习惯	790.35	31.1	41.3	8 635.5

国家重点研发计划"化肥肥料与农药减施增效综合技术研发"重点专项
"黄淮海冬小麦化肥农药减施技术集成研究与示范"项目
化肥减施增效共性技术与评价研究（2017YFD0201702）
-新型肥料减施增效关键技术冬小麦示范区测产报告

2019 年 6 月 14 日，北京市农林科学院科研处组织有关专家对北京市农林科学院承担的"化肥减施增效共性技术与评价研究-新型肥料减施增效关键技术与评价（课题编号：2017YFD0201702）"的冬小麦示范区进行了测产验收。

专家组在示范区分别随机抽取了 9 个样点，每个点取 1 平方米调查亩穗数，并从中随机取 20 个穗调查穗粒数；同时调查了农民习惯减施 3 个样点，每个点取 1 平方米调查亩穗数，并从中随机取 20 个穗调查穗粒数。其结果是：

示范区面积 500 亩，采用冬小麦品种为"试验品种855"，平均亩穗数 34.33 万穗，穗粒数 31.4 粒，常年千粒重 42.4 克，理论亩产 584.4 公斤，乘以系数 0.85，亩产量 496.7 公斤，周边相同品种农民习惯施肥（对照田）平均亩穗数 43.27 万穗，穗粒数 27.8 粒，常年千粒重 42.4 克，理论亩产 573.9 公斤，乘以系数 0.85，亩产 487.8 公斤，示范田较对照田亩增产 8.9 公斤，增产率为 1.8%。

示范区采用的化肥减施技术方案为：比农民习惯施肥减氮 30% 的条件下，配方为（25-14-12）（含 40%控氮）。50 公斤/亩，一次性人工撒施或机械撒施，旋耕或翻地后播种，其他管理措施同农民习惯施肥。

农民习惯施肥（对照田）化肥施用情况为：小麦习惯施氮：N 18 公斤/亩，基施 N10.8 公斤/亩，返青、拔节追 N7.2 公斤/亩；P₂O₅ 基施 7 公斤/亩；K₂O 基施 6 公斤/亩。

验收组组长：
验收专家：吕修涛　　李振岐
2019 年 6 月 14 日

图 5.9　北京房山小麦减施增效免追肥技术示范测产报告（2018—2019 年）

效益分析（表 5.17）表明，示范田比农民习惯处理的产值增加 280.4~2 356.2元/hm²，增加了 1.8%~13%；净收入增加 675.8~2 751.6 元/hm²，增加收入 4.9%～16.5%。因此，在减氮 30% 的条件下，使用控释专用肥，可提高冬小麦产量和产值，并减少氮肥成本和追肥劳动力投入，进而提高净收入。

国家重点研发计划"化肥肥料与农药减施增效综合技术研发"重点专项
"黄淮海冬小麦化肥农药减施技术集成研究与示范"项目
化肥减施增效共性技术与评价研究（2017YFD0201702）
—新型肥料减施增效关键技术冬小麦示范区测产报告

2020 年 6 月 18 日，授北京市农林科学院的委托三河市农业局组织有关专家对北京市农林科学院承担的"化肥减施增效共性技术与评价研究-新型肥料减施增效关键技术与评价（课题编号：2017YFD0201702）"的冬小麦新型肥料减施增效关键技术示范区进行了测产验收。

专家组在示范区分别随机抽取了 9 个样点，每个点取 1 平方米调查亩穗数，并从中随机取 15 个穗调查穗粒数；同时调查了农民习惯施肥 3 个样点，每个点取 1 平方米调查亩穗数，并从中随机取 15 个穗调查穗粒数，每个样点数 1000 粒纵干称重再按国标水分含量换算其千粒重，其结果是：

示范区面积 610 亩，采用冬小麦品种为"济麦 22"，平均亩穗数 57.27 万穗，穗粒数 32.6 粒，千粒重 41.2 克，理论平均亩产 765.3 公斤，乘以系数 0.85，亩产量 650.5 公斤，周边相同品种农民习惯施肥（对照田）平均亩穗数 52.69 万穗，穗粒数 31.1 克，千粒重 41.3 克，理论平均亩产 677.3 公斤，乘以系数 0.85，亩产量 575.7 公斤，示范区较对照田亩增产 74.8 公斤，增产率为 13.0%。

示范区采用的化肥减施技术方案为：比农民习惯施肥减氮 30% 的条件下，配方为（25：14：12）（含 40% 控释），50 公斤/亩，一次性人工撒施或机械抛施，旋耕或抛地后播种，其他管理措施同农民习惯施肥。

农民习惯施肥（对照田）化肥施用情况为：小麦习惯施肥：N18 公斤/亩，基施 N7.2 公斤/亩，返青、拔节追施 N11.8 公斤/亩；P₂O₅ 基施 7 公斤/亩；K₂O 基施 6 公斤/亩。

验收组组长：董柏寺

验收专家：陈阿芳 张晓华 刘恪平

2020 年 6 月 20 日

图 5.10　河北三河小麦减施增效免追肥技术示范测产报告（2019—2020 年）

表 5.17　冬小麦减施增效免追肥技术示范田经济效益

年度	处理	产量（kg/hm²）	产值（元/hm²）	氮肥用量（kg/hm²） 普通尿素	氮肥用量（kg/hm²） 包膜尿素	氮肥成本（元/hm²）	追肥劳力投入（元/hm²）	净收入（元/hm²）	净收入增加量（元/hm²）	净收入增加比例（%）
2018—2019 年	示范田	7 450.5	15 646.1	244.6	178.6	1 078.6	0.0	14 567.5	675.8	4.9
	农民习惯	7 317.0	15 365.7	587.0	0.0	1 174.4	300.0	13 891.7		
2019—2020 年	示范田	9 757.5	20 490.8	244.6	178.6	1 078.6	0.0	19 412.2	2 751.6	16.5
	农民习惯	8 635.5	18 134.6	587.0	0.0	1 174.4	300.0	16 660.6		

注：表内价格均以 2017—2020 年度的平均市场价计，普通尿素 2 000 元/t，包膜尿素 3 300 元/t；冬小麦 2 100 元/t，追肥劳动力投入 300 元/hm²。

5.6.4.2　技术示范

基于控释肥的冬小麦减施增效免追肥技术，2018—2019 年在北京地区推广应用 1 万亩（附录 F），技术辐射超过 2 万亩；技术应用后，每亩增产粮食 10 kg，增产 1.8%；化肥用量减少 20%，实现节本增效 45 元/亩，新增经济效益 45 万元。该技术 2018—2020 年在河北省三河市推广应用 6 万亩，辐射面积超过 12 万亩；技术应用后，每亩增产粮食 13 kg，增产 13%；化肥用量减少 30%，实现节本增效 150 元/亩，新增经济效益 900 万元。

5.6.5　本章小结

基于实验室内及山东泰安、北京房山 3 年（2017—2020 年）的化肥减施定位试验及两年技术示范得出如下结论。

（1）在北京房山及河北三河气候及土壤条件下，采用释放期为 60 d 的包膜控释尿素，在控氮和速效氮配比为 4∶6 的情况下，减氮 10%~20% 的处理比农民习惯施肥增产 2.6%~7.8%，经济效益增加 1 013.6~1 250.9 元/hm²，氮素利用率增加 2.7%~24.4%，土壤中铵态氮和硝态氮的累计降低了 36%~36.5%。

（2）在山东泰安本试验条件下，可增加穗数和穗粒数，以提高库容量，同时，减氮 10%~20% 可提高冬小麦生育后期叶片的光合能力，增加地上部干物质、氮素积累并促进营养器官干物质和氮素向籽粒中分配，进而维持较高的千粒重，从而提高冬小麦籽粒产量。3 年冬小麦籽粒产量平均提高 4.6%~6.4%，净收入平均增加 1 127.4~1 250.9 元/hm²，氮素农学利用率平均提高 78.3%~79.1%，氮素利用效率平均提高 5~6 个百分点，可有效控制硝态氮的淋失。因此，在减氮 10%~20% 的情况下使用控释氮肥与普通氮肥按一定比例配合基施可以保证小麦产量稳定。

（3）建立的小麦轻简高效栽培技术在北京房山及河北省三河市三年累计示范推广 7 万亩，辐射 14 万亩，节省人工 20 元/亩以上，共计节省人工 300 万元，取得明显的经济及生态效益。

第6章 精准施肥装备减施增效技术评价

6.1 试验地点及概况

试验设定在山东省济南市章丘区小辛村（36°52′27″N，117°32′26″E），属暖温带半湿润大陆性季风气候，四季分明雨热同季。年均日照 2 647.6 h，日照率 60%；年均气温 12.8℃，高温年 13.6℃，低温年 11.7℃；年平均降水量 600.8 mm，一般为 500~700 mm。当地土壤为华北平原褐土，作物轮作方式为冬小麦-夏玉米种植模式，当年 10 月中旬收获夏玉米定植冬小麦，翌年 6 月初收获，随后播种定植玉米。小麦季播前翻耕 1 次，耕深 20~30 cm，后旋耕 1 次，上季玉米秸秆还田量约 7 t/hm²。土壤 pH 值为 7.75，有机质含量 18.87 g/kg，全氮含量 1.11 g/kg，全磷含量 0.69 g/kg，铵态氮含量 4.7 mg/kg，硝态氮含量 43.3 mg/kg，速效磷含量 18.4 mg/kg，速效钾含量 21 mg/kg。

6.2 化肥基准用量调查

施化肥需要在现实的化肥施用情况为基准。因此，针对黄淮海冬小麦主要产区进行肥料用量、使用方式等投入品施用现状调研，以构建区域冬小麦农田投入品施用基本情况。根据黄淮海流域 217 个主要冬小麦种植县数据开展调查。

6.3 精准施肥试验方案

6.3.1 化肥减量试验方案

2017—2020 年针对空白对照（CK）、单施有机肥（A_1）、精准施肥减量 60%（A_2）、精准施肥减量 30%（A_3）、农民习惯用肥（A_4）等 5 个长期定位小区开展试验（表 6.1）。各处理 3 次重复，小区面积 400m²，各小区间隔 0.5m，有机肥为牛粪鸡粪混合堆制有机肥，化学氮肥为尿素（N，46%），磷肥为过磷酸钙（P_2O_5，12%），钾肥为硫酸钾（K_2O，50%），有机肥和磷钾肥做基肥，一次性施入，氮肥 60% 做基肥，40% 在冬小麦返青后做追肥施入。

表 6.1　精准施肥减量施用化肥研究方案　　　　　　　　　　单位：kg/hm²

处理	基肥				追肥 化肥 N
	有机肥	化肥 N	化肥 P_2O_5	化肥 K_2O	
空白对照（CK）		0	0	0	0
单施有机肥（A_1）	1 500	0	0	0	0
减量 30%（A_2）		122.50	81.00	75.00	87.50
减量 17%（A_3）		145.00	81.00	75.00	105.00
农民习惯（A_4）		175.00	81.00	75.00	125.00

6.3.2　施肥机械效果验证的试验方案

施肥机处理按照精准施肥方案进行氮素化肥随种配套施肥，追肥根据小麦需肥特征进行水肥精准化管理，试验处理采用随机区组设计，小区长度即喷灌或滴灌支管长度，每小区长 100m，宽 50m，3 次重复。灌溉量除了播种外为使用水肥一体机进行施肥时消耗的水量。化学氮肥为尿素（N，46%），磷肥为过磷酸钙（P_2O_5，12%），钾肥为硫酸钾（K_2O，50%），磷钾肥做基肥一次性施入（表6.2）。

表 6.2　精准施肥施肥机械效果验证的试验方案

生育期	灌溉量（m³/hm²）				施肥量（kg/hm²）			
	农户 对照（F）	施肥机（M_1）	施肥机+喷灌（M_3）	施肥机+滴灌（M_4）	N_0	N_1	N_2	N_3
播种	60	30	30	30	0	100	115	125
分蘖期	0	0	20	20	0	0	0	0
拔节—孕穗期	50	50	50	50	0	70	80	100
扬花—灌浆期	40	20	20	20	0	40	50	75
合计	150	150	120	120	0	210	250	300

6.3.3 供试材料

小麦品种为山农 31，是以 6125 为母本、济麦 22 为父本进行杂交配组选育而成的小麦品种。半紧凑株型，叶色浓绿，叶片宽短上挺，较抗倒伏，熟相中等，籽粒饱满度中等、硬质，是我国黄淮海山东麦区推广较好的一种优质强筋小麦品种。精准施肥基肥使用美国约翰迪尔（John Deere）公司生产的 JD1910 型气动式种肥车与 JD1820 型免耕播种机配套施肥，追肥使用圣大节水公司生产的 SD-WFZN-A 智能施肥机开展。

6.3.4 测试指标与方法

（1）籽粒产量 冬小麦收获时，选择每个处理 3 个 1 m × 1 m 样方估产，取平均值，室内考种，调查穗数、穗粒数和千粒重，每个处理取 3 个重复。

（2）小麦养分 植株和籽粒全氮含量用凯氏定氮法测定。

（3）叶片 SPAD（Soil and Plant Analyzer Development） 使用浙江托普公司生产的 SPAD 叶绿素仪 SPAD-502Plus 进行测定。

（4）土壤养分 冬小麦播种前和收获后，测定 0~20 cm 土层土壤有机质、全氮含量以及 0~100 cm 土层土壤硝态氮含量，每 20 cm 土层取样。采用重铬酸钾外加热法测有机质，全自动半微量凯氏定氮法测全氮，NaOH 水解法测速效氮，用 AA3 型流动分析仪测定浸提液。

（5）土壤微生物 取相当于 8 g 干土的新鲜土样，利用 Blight/Dyer 法通过氯仿—甲醇—柠檬酸缓冲液振荡提取总脂，经硅胶柱层析分离得到磷脂脂肪酸，将得到的磷脂脂肪酸甲脂化，然后采用 HP6890-HP5973 型气相色谱质谱联用仪（GC-MS）分析磷脂脂肪酸的组成[88-90]，检测中升温程序如下：进样后在 50 ℃保持 1 min，之后以 12 ℃/min 的速率升到 180 ℃，保持 2 min 后以 6 ℃/min 的速率升到 220 ℃，停留 2 min 后以 15 ℃/min 的速率升到 240 ℃，保持 1 min 后以 15 ℃/min 的速率达到最终温度 260 ℃，并保持 15 min。气相色谱与质谱间的连接温度为 280 ℃，用高纯氦气（1 mL/min）作载气。质谱仪采用电子电离（EI）方式，电子能量为 70 eV。

（6）土壤肥力制图方法 土壤肥力制图使用 GIS 作为分析和制图工具，通过空间插值方法和 GIS 分析处理数据能力及制图功能，将测得的土壤养分数据制作成土壤肥力图用以指导精准施肥。

（7）土壤微生物多样性的计算 PLFA 的定性根据质谱标准图谱和已有的相

关报道[91-92]，以正十九烷脂肪酸甲酯内标物进行定量计算。小麦氮素利用率等要素计算方法同 3.1.1。

（8）经济效益分析　在示范区研究了在 A_3 处理条件下分别施用不同灌溉通过示范推广发现，与农民人工施肥、灌溉相比，通过水表记录灌溉用水量，表格记录用工量及实际支付的劳务费用。

6.3.5　数据统计与分析

数据统计与分析方法同前。

6.4　研究结果

6.4.1　精准施肥推荐系统构建

6.4.1.1　黄淮麦区化肥使用现状

针对黄淮海小麦主产区，进行肥料用量、使用方式等投入品施用现状调研，初步构建出区域冬小麦农田投入品施用基本情况。根据黄淮海流域 217 个主要冬小麦种植县数据，调查数据总量为 15 967 个，其中，冬小麦种植农户数量以安徽北部，天津武清，河南新乡、驻马店，山东菏泽、济南等地最多。在种植模式上，黄淮海北部和中部主要为冬小麦—夏玉米轮作，南部为冬小麦—水稻轮作和冬小麦—蔬菜等粮菜轮作模式。冬小麦区域产量平均为 456.1 kg/亩，山东省冬小麦产量最高，均值达 475.9 kg/亩；京津冀次之，均值为 463.2 kg/亩；河南省和安徽省冬小麦平均产量分别为 436.8 和 448.6。超过 550 kg/亩的高产县集中在山东省济宁市鱼台县、泗水县，临沂市的兰陵县，及新乡市的武陟县（图 6.1）。

黄淮海冬麦区域肥料投入类型以复合肥为主，有机肥施用比例较低，施肥量均值为 118.7 kg/亩，氮磷折纯量平均分别为 15.7 kg/亩和 9.8 kg/亩，超过 20 kg/亩，即 300 kg/hm² 氮投入量的地区主要集中在中部种植区，点位占比 15.2%。超过 18 kg/亩，即 270 kg/hm² 氮投入量的地区主要点位占比 31.3%。

6.4.1.2　区域冬小麦农田氮磷总量控制技术体系构建

为进一步优化冬小麦农田肥料施用，通过查阅文献、前期调研等，根据冬小麦目标产量和土壤肥力状况（测重土壤速效氮含量），给出冬麦的氮素施用总量控制方案。总量控制方案的主要原则是根据目标产量需肥量，考虑土壤—作物体系的氮磷养分输入（肥料提供、土壤提供）与输出（作物带走、淋溶损失）平

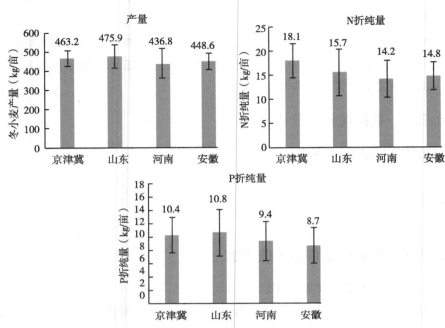

图 6.1 黄淮海粮食主产县小麦产量、氮磷投入折纯量

注：调研县数 217，调查农户数15 967。

衡，在保证作物不减产的条件下最大限度保护环境地下水不受氮磷面源污染的影响。

$$目标产量需肥量 = 目标产量 \times 单位产量养分吸收量$$

$$氮肥推荐量（总量控制）=（作物需肥量 + 合理的根层土壤无机氮含量）-$$

$$（土壤有机氮的矿化释放量 + 播种前根层土壤的无机氮含量）$$

基于养分指标对土壤进行肥力分级，参考《华北小麦—玉米轮作区耕地地力》，将冬小麦农田土壤分为低、中、高 3 个肥力水平（表 6.3、表 6.4），在 3 种肥力等级下肥料推荐量分别为作物需肥量 1.5～1.8、1～1.2、0.8～1 倍进行推荐。

表 6.3 冬小麦农田土壤肥力等级标准

肥力等级	有机质 （g/kg）	全 N （g/kg）	全 P （g/kg）	速效 N （g/kg）	速效 P （g/kg）	速效 K （g/kg）
低肥力	<10	<0.75	<0.6	<20	<20	<100

（续表）

肥力等级	有机质 （g/kg）	全 N （g/kg）	全 P （g/kg）	速效 N （g/kg）	速效 P （g/kg）	速效 K （g/kg）
中肥力	10~20	0.75~1.2	1~1.5	20~50	20~40	100~160
高肥力	>20	>1.2	>1.5	>50	>40	>160

注：均为 0~30 cm 耕层土壤养分含量。

表 6.4　冬小麦农田土壤提供养分量

肥力等级	N（kg/亩）	P₂O₅（kg/亩）	K₂O（kg/亩）
低肥力	0.95	2.80	10.27
中肥力	2.84	5.59	15.40
高肥力	4.73	8.39	20.53
有效养分校正系数	0.631	0.814	0.713

注：土壤提供养分量 = 土壤有效养分×0.15×有效养分校正系数（不同肥力等级下 N 分别按 10、30、50 mg/kg，P 分别按 10、20、30 mg/kg，K 分别按 80、120、160 mg/kg 估算，其中，P、K 换算为 P_2O_5 和 K_2O 的换算系数分别为 2.29 和 1.2，潮土、褐土、砂浆黑土是黄淮海流域主要土壤类型，有效养分校正系数按杜君（2011）对 3 种土壤冬小麦种植区有效养分校正系数界定数据计算均值得到）。

　　冬小麦目标产量养分吸收量根据冬小麦单位产量养分吸收量和目标产量计算。冬小麦单位产量养分吸收量：生产 100 kg 冬小麦需纯氮（N）3 kg，五氧化二磷（P_2O_5）1.5 kg，氧化钾（K_2O）1.2 kg。养分吸收比 N∶P_2O_5∶K_2O=1∶0.5∶0.83，冬小麦目标产量养分需要量见表 6.5。

表 6.5　冬小麦目标产量养分需要量　　　　单位：kg/亩

目标产量	N	P_2O_5	K_2O
650	19.5	13.0	16.3
500	15.0	10.0	7.0
350	10.5	7.0	8.8

　　根据冬小麦目标产量控制氮磷肥的施用量，同时考虑土壤肥力状况，具体施肥量控制见表 6.6、表 6.7。基肥推荐有机无机肥配施，有机肥推荐用量 0.5~1 t/亩（高、中、低肥力分别为 0.5、1、1t/亩），氮磷钾量含量均约为 2%。追肥均施用水溶肥。总量控制见表 3.33 中化肥用量。定植水 40~60 m³/亩，返青灌水 30~50

m³/亩，根据降水情况 1~2 次，追肥随水施用。

表 6.6 冬小麦农田氮磷施肥总量控制   单位：kg/亩

目标产量	肥力等级	有机肥 N	有机肥 P₂O₅	化肥 N	化肥 P₂O₅	N 总量	P₂O₅ 总量
350	低肥力	3	3	14.2	7.1	17.2	10.1
500	中肥力	3	3	9.16~11.6	3.4~4.7	12.2~14.6	6.4~7.7
	高肥力	1.5	1.5	8.2~8.8	1.4~2.1	9.7~10.3	2.9~3.6
650	中肥力	3	3	13.7~17.0	7.0~9.0	16.7~20.0	10~12
	高肥力	1.5	1.5	10.3~13.3	4.3~5.7	11.8~14.8	5.8~7.2

注：有机肥用量标准为中低肥力 1t/亩，高肥力 0.5t/亩。基肥为有机无机配施，追肥为可溶性化肥。

表 6.7 有机肥当季提供养分量   单位：kg/亩

肥力等级	施用量	N	P₂O₅	K₂O
低肥力	1 000	3	3	4.5
中肥力	1 000	3	3	4.5
高肥力	500	1.5	1.5	2.25
有机肥当季利用率		30%	15%	45%

注：有机肥料含 N、K_2O 量×矿化率（50%）×当季利用率（N 按 30%、K 按 45% 估算），有机肥料中养分量均按 2% 估算。有机肥当季提供磷量按其中 P_2O_5 含量×当季利用率（15%）估算。

6.4.1.3 可视化精准施肥系统构建

基于黄淮麦区化肥使用现状和区域冬小麦农田氮磷总量控制技术体系相关原理及数据信息，按照以下步骤构建可视化精准施肥推荐系统。

（1）系统体系结构设计 软件平台以 Windows Server 2003 为依托，构建小麦精准施肥决策系统，其体系结构如图 6.2 所示，采用数据层、中间层、业务层和应用层等 4 层架构。在应用层的各种设备中均可登录系统，使用 Web 浏览器就可以输入相关数据对具体田块氮肥推荐量进行计算。

应用层是系统的主要业务处理界面，也是系统与用户的主要接口，为用户提供各种服务，主要包括数据服务系统、信息服务系统、管理服务系统。业务逻辑层是系统管理、数据管理、综合事务类管理、元数据管理等信息系统或子系统业务的抽象、整理形成控制或实体类。业务逻辑层的主要作用是将表现层（应用层）提出的请求转换为对数据层的请求，并将数据层返回的结果提交回表现层进

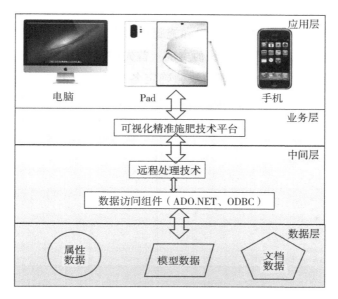

图 6.2　可视化精准施肥系统平台结构

行结果显示。从技术上看，业务层封装大量业务逻辑并采用成熟中间件技术，这种方式的应用最明显的特点是把数据管理和应用分开设计，并不完全依赖 GIS 平台或某一软件。中间层的主要任务是负责网络通信、数据库访问、对象关系转化等。中间层的核心是中间件，中间件是一种独立的系统软件或服务程序，分布式应用软件借助这种软件在不同的技术间共享资源。中间件位于客户机/服务器的操作系统之上，管理计算资源和网络通信。中间件更有效地保证信息共享平台的可靠性、可扩展性、可管理性、数据一致性和应用安全性等。数据包括属性数据、模型数据和其他文档型数据等。采用关系数据库管理系统，实现对整个系统数据的管理。系统数据库主要分成 3 部分，即模型数据、文档数据和属性数据，空间数据主要存储精准施肥信息地理空间数据，模型数据主要存储精准施肥模型数据，文档数据存储精准施肥技术文档资料，属性数据存储精准施肥信息元数据管理业务数据。

（2）系统功能设计　本系统功能包括地块管理、农资管理（肥料、作物信息）、数据管理和农场管理等 4 个模块。地块管理模块包括冬小麦田块土壤养分、气候情况、地理位置等参数调整；农资管理（肥料、作物信息）模块包括肥料、作物信息的调整；数据管理包括精准施肥模型管理和模型参数调整；农场管理包括施肥量的计算与施肥决策，实现对各个监测点数据的动态决策与计算。系统提供了开放的服务接口，不仅可以基于现有数据的施肥决策，也可以根据输入的数据进行实时决策，为用户提供施肥量和施肥技术建议。

（3）可视化精准施肥推荐系统的实现　首先按照下图进行通过调整地块管理模块、农资管理模块、数据管理模块，确定冬小麦田块基本信息、土壤养分情况、肥料投入情况、前茬作物情况、目标产量等信息（图6.3至图6.6）。

图6.3　精准施肥系统地块基本信息建档

图6.4　精准施肥系统输入地块信息

图 6.5　精准施肥系统输入前茬作物信息

图 6.6　精准施肥系统得到的推荐施肥结果

（4）插值技术制作精准施肥处方图　采用现场采样得出的麦田土壤养分情况和可视化精准施肥系统得到推荐施肥结果进行差值计算，最终结合 GIS 绘制出用于现场指导精准施肥的处方图。课题组以上述方法形成了相关软件并申请了冬小麦推荐施肥系统 V1.0 和农科智通农技精准服务系统 V1.0 两项软件著作权（图 6.7）。

图 6.7　精准施肥推荐系统 2 项软件著作权

（5）精准施肥推荐系统应用　用 GPS 获取土壤样点地理坐标，经读取转换获得土壤采样点位图，对相应位置养分含量进行图像化显示，根据位图养分情况和 650 kg/亩的目标产量，调整进行分区施肥。取样点如图 6.8，土壤速效氮测定结果显示，技术使用前后对比表明，冬小麦农田季末土壤速效氮量含量平均降低 67.5%，显著降低土壤负荷。

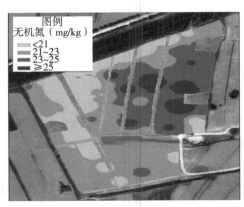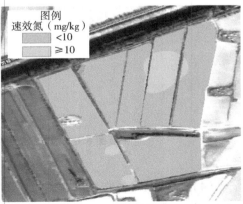

图 6.8　分区精准施肥前后麦田季末土壤速效氮比较

6.4.2　冬小麦精准施肥装备评估

6.4.2.1　小麦产量及氮肥利用效率

与对照相比，微灌装备具显著节肥稳产效果（图 6.9）。滴灌装备在 N 肥减施 30%（210kg/hm²）和喷灌装备在 N 肥减施 17%（250kg/hm²）处理下，籽粒产量和地上生物量均达到 9 775、19 213 kg/hm² 和 9 985、19 603 kg/hm²，与农户对照和单用施肥机在 N₃ 用量（300 kg/hm²）下无显著差异。随氮肥用量的增加，农户对照、施肥机和喷灌处理氮肥农艺利用率呈先增高后降低的趋势，250 kg/hm² 施氮量下农艺利用率最高，为 8.4 ~ 15.14 kg/kg。滴灌装备在 N₁（210 kg/hm²）施氮量下农艺利用率和氮肥偏生产力最高，分别达 17.32 kg/kg 和 46.55 kg/kg，说明采用滴灌装备灌溉施肥可显著提高冬小麦农田氮肥农艺利用率和偏生产力（表 6.8）。

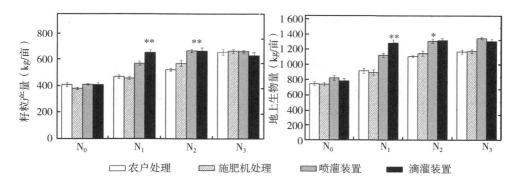

图 6.9　精准施肥条件下冬小麦籽粒产量和地上生物量

表 6.8　各处理冬小麦农田氮肥农艺利用率和偏生产力　　　单位：kg/kg

处理	氮肥农艺利用率			氮肥偏生产力		
	N₁	N₂	N₃	N₁	N₂	N₃
农户	4.59	8.40	7.40	33.60	32.95	31.23
施肥机	5.63	11.39	11.15	32.77	34.19	30.85
喷灌装置	11.25	15.14	11.99	40.77	39.94	31.99
滴灌装置	17.32	15.33	10.69	46.55	39.88	30.48

6.4.2.2 精准施肥条件下土壤环境

（1）土壤速效氮　如图 6.10 所示，农户对照和单独使用种肥同播机处理相比，土壤速效氮显著向下运移，在 60~80 cm 土层达到最高；而使用喷灌和滴灌设备处理可显著降低生长季速效氮的向下淋失，喷灌设备处理在 40~60 cm 土层速效氮含量最高，滴灌设备处理速效氮则主要集中在 0~60 cm 土壤。在 N_3 高施氮量下，各处理土壤速效氮含量较高，滴灌处理（M_4 至 N_3）最高值达 93.7 mg/kg，而随施值氮量降低，土壤速效氮含量显著降低，喷灌和滴灌 N_2 处理 0~60 cm 速效氮平均值分别为 29.87 和 29.56 mg/kg，N_1 处理 0~60 cm 速效氮平均值分别为 20.34 mg/kg 和 17.99 mg/kg，说明微灌方式可显著增加耕层土壤速效氮含量，降低向下的淋失风险。

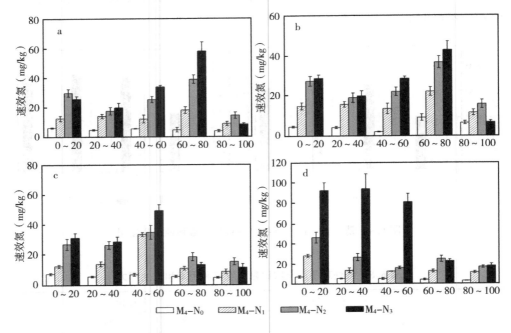

图6.10　精准施肥条件下土壤速效氮含量分布

注：a. 农户处理 b. 施肥机处理 c. 喷灌装置 d. 滴灌装置。

（2）微生物量碳、氮含量　微生物量碳、氮（MBC，MBN）是土壤活性碳氮的一部分，直接参与土壤生物化学转化过程，是土壤中植物有效养分的储备库。冬小麦农田土壤微生物量碳含量为 427.2~522.4 mg/kg，微生物量氮含量为

25.8~43.41 mg/kg。与空白对照相比，随施氮量的增加，微生物量氮含量显著升高，但施肥装备间差异不显著（图 6.11）。

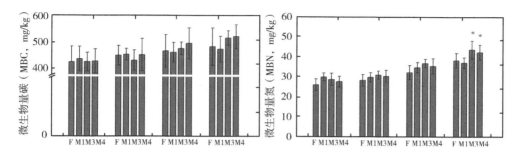

图 6.11　精准施肥条件下耕层土壤微生物量碳氮含量

注：F. 农户处理 M_1. 施肥机处理 M_2. 喷灌装置 M_3. 滴灌装置。

（3）微生物群落结构　精准施肥显著影响土壤微生物总量和微生物群落结构。与农民习惯（A_4）相比，化肥用量减施 30% 处理（A_3）对冬小麦农田土壤微生物总量无显著影响，微生物总量达 84.17 nmol/g，但化肥用量降低 50% 以上则显著降低土壤微生物总量，A_2 处理微生物总量仅为 29.46 nmol/g（表 6.9）。

表 6.9　精准施肥条件下微生物群落绝对丰度及结构比值

微生物群落	CK	A_1	A_2	A_3	A_4
细菌（nmol/g）	44.55±3.65a	32.60±7.69b	14.92±2.75c	45.87±10.86a	39.94±1.01ab
真菌（nmol/g）	14.75±3.75ab	13.17±5.19ab	6.68±2.72b	17.79±6.48a	12.15±7.01ab
放线菌（nmol/g）	12.18±0.37a	9.39±2.38a	4.34±0.71b	12.73±2.26a	12.49±1.45a
G+（nmol/g）	12.81±1.58a	7.89±0.52ab	4.98±1.32b	12.70±1.57a	12.14±5.29a
G-（nmol/g）	21.06±6.40b	17.75±2.31bc	8.64±2.63c	23.17±5.88ab	33.28±3.73a
好氧细菌（nmol/g）	8.16±0.24ab	7.07±0.86bc	3.14±0.59d	8.4±1.91ab	9.37±0.67a
厌氧细菌（nmol/g）	15.97±6.34abc	11.77±4.89abc	6.54±1.45c	16.91±8.24ab	19.61±4.19a
腐生真菌（nmol/g）	14.75±3.76ab	11.92±5.20ab	5.53±3.08b	17.79±6.48a	12.15±7.01ab
G+/G-	0.65±0.26a	0.44±0.03ab	0.62±0.27ab	0.56±0.08ab	0.35±0.12ab
好氧菌/厌氧菌	0.56±0.20a	0.65±0.20a	0.49±0.13a	0.56±0.20a	0.49±0.13a
真菌/细菌	0.33±0.10ab	0.41±0.17ab	0.46±0.21ab	0.41±0.18ab	0.30±0.08b
PLFA 总量（nmol/g）	77.86±3.65a	61.32±11.88bc	29.46±3.77d	84.17±12.70a	72.58±10.30ab

6.4.2.3 经济效益分析

不同处理的经济效益分析见表 6.10。与当地农户人工施肥、灌溉相比，施肥机集成喷灌/滴灌操作能够节省小麦施肥、灌溉人工成本 32 元/亩和 35.2 元/亩。根据农户调查，例如种植户雇用农民进行人工施肥，施肥作业的工作效率约为 5 亩/工。雇工成本 80 元/人工，人工施肥成本为 16 元/亩次。人工灌溉本研究为长畦漫灌，根据农户调查，工作效率一般为 10 亩/工，雇工成本 80 元/人工，人工灌溉成本为 8 元/亩次。按农户施肥 2 次，灌水 3 次，人工灌溉、施肥成本合计为 56 元/亩季。

滴灌与喷灌装备相比，滴灌作业工人平均每天可以管理 4 个水泵（加肥、滴灌带安装、调试、开关泵等），1 个水泵灌溉 5 亩，工作效率为 20 亩/工计算，雇工成本 80 元/人工，滴灌装备灌溉施肥成本为 4 元/亩工；喷灌作业工人每天平均可以管理 5 个水泵（加肥、喷灌带安装、开关泵等），一个水泵灌溉 5 亩，工作效率以 25 亩/工计算，雇工成本 80 元/人工，人工施肥成本为 3.2 元/亩工；灌溉 4 次分别为 16 元/亩季和 12.8 元/亩季。与农户传统长畦漫灌相比，滴灌与喷灌装备额外有喷管带/滴灌带的铺设和回收要求，目前铺设结合施肥机一体化进行，根据调查，回收人工工作效率为 10 亩/工，雇工成本 80 元/人工，成本为 8 元/亩工；因此，滴灌与喷灌装备灌溉施肥成本合计 24 元/亩和 20.8 元/亩。

表 6.10 精准施肥条件下化肥减施小麦经济效益

投入/产出	要素	单价	农户对照	施肥机+喷灌	施肥机+滴灌
劳力投入	整地	元/亩	15	7	7
	播种	元/亩	4.3	4.3	4.3
	灌溉施肥	元/亩	56	20.8	24
	打药	元/亩	8	8	8
	收获	元/亩	4.3	4.3	4.3
	合计	元/亩	87.6	44.4	47.6
机械装备投入	水泵	元/亩	30	30	30
	主管	元/亩	28	35	5
	支管	元/亩	—	33	60
	过滤器与施肥机	元/亩	—	15	15
	合计	元/亩	58	113.3	110

（续表）

投入/产出	要素	单价	农户对照	施肥机+喷灌	施肥机+滴灌
肥药投入	基肥用量	kg/亩	50	45	42
	追肥用量	L/亩	30	24	18
	肥料费用	元/亩	275	232.5	195
	农药费用	元/亩	23.5	24.7	33.5
	肥药合计	元/亩	298.5	257.2	228.5
灌溉水	灌水量	kg/亩	150	120	120
耗电量	灌溉次数		3	4	4
	用电量	度/亩	72	72	75
	电费	元/亩	37.44	37.44	39
总投入		元/亩	556.54	527.34	500.1
总产出		元/亩	1 311	1 498.83	1 531.03
净收益		元/亩	754.46	971.49	1 031.93

注：按 2.3 元/kg 冬小麦收购价进行产值计算。

此外，在整地环节，农户长畦漫灌对地面平整度和畦埂要求较高，因此，除常规 1 次翻耕、1 次旋耕整地外，需要更多劳力进行 1 次地面平整。机耕手价格为 350 元/工天，工作效率为 100 亩，一般翻耕 1 次，旋耕 1 次，费用为 7 元/亩，农户需另行整地 1 次，工作效率大概为 10 亩/工，雇工成本 80 元/人/工，合计农户整地成本为 7+8＝15 元/亩，是滴灌与喷灌装备整地成本（7 元/亩）的 1 倍。

与农户对照相比，施肥机集成喷灌/滴灌操作会带来额外的装备支出，主要是灌溉管带的投入。根据记录，首部的水泵为 1 500 元/个，每个水泵灌溉 5 亩农田，一体化的过滤器与施肥罐 1 500 元/组，可覆盖 10 亩农田。滴灌主管平均 10 m/亩，2.5 元/亩，计 25 元/亩，支管（滴灌带）0.1～0.12 元/m，亩用量 1 000~1 100 m，可计 120 元/亩。喷灌主管 3.5 元/m，每亩使用 50 m，计 175 元/亩，32 mm 喷管带 0.4 元/亩，亩用量约 250 m，计 100 元/亩。农户对照组为 40 m/亩管材，3.5 元/亩，计 140 元/亩。水泵与过滤器和施肥机均按 10 年折旧计算，主管按 5 年折旧计算，喷管带按 3 年折旧计算，滴灌带按 2 年折旧计算。

在净收益方面，小麦季投入主要计算项包括肥药、劳力、机械设备、火电和种苗投入。基肥为 17-17-17 复合肥，单价 2.5 元/kg，追肥为 40%N 含量水溶肥，单价 5 元/L。农药均价约 1 元/g，滴灌为 12~18 cm。种植宽度较高，需控制杂草，多使用 1 次除草剂（氟唑磺隆/二甲四氯钠、甲基二磺隆）。与农户对照相比，施肥机集成喷灌/滴灌节约肥药投入 41.3 元/亩和 70 元/亩。

此外，与农户对照相比，施肥机集成喷灌/滴灌为便于装备灌溉，虽然分别采用 12~18 cm 和 40~60 cm 宽窄行种植模式，但亩播量仍为 12.5 kg/亩的平均量，按种子均价 6 元/kg 计算，种子投入 75 元/亩。当地用电为火电，单价 0.52 元/kWh，由于农户畦灌灌溉速度快，耗时少，三者用电量无显著差异。

综上，由于小麦增产，施肥机集成喷灌/滴灌处理可增加冬小麦产值 14.3% 和 16.8%。在冬小麦收益不高的情况下，施肥机集成喷灌/滴灌处理通过节省劳动力和肥料投入降低冬小麦的生产成本，对稳定小麦种植具有积极的意义。

6.4.3　冬小麦精准施肥装备技术规程及示范

精准施肥装备相关研究结果形成《黄淮海冬小麦精准高效施肥装备减施增效技术规程》。基于精准施肥装备的冬小麦化肥减施技术，在 2018—2019 年完成核心示范区 100 亩，2019—2020 年辐射 1 000 亩，累计推广 1 100 亩，实现新增利润 66.08 万元。

6.4.4　本章小结

在山东章丘开展精准施肥设备评价试验，从产量、肥料利用率、土壤环境、经济效益等方面进行评估。技术示范结果表明，采用精准施肥技术，在化肥用量减施 17% 的条件下，小麦产量比农户对照增加 1%，成本投入减少 103.1 元/亩、增收 97.14 元，实现节本增收 277.74 元，3 年累计增加农民收益 66.08 万元。同时，小麦氮肥利用率提高 8%，耕层以下土壤氮素负荷平均削减 67.5%，减少了化肥流失和面源污染的风险；增加了农田土壤中微生物生物量 16%，有利于增进土壤质量，取得显著社会及经济效益。

第7章 化肥有机替代减施增效技术评价

7.1 试验地点及概况

冬小麦田间试验在两个地点开展（表7.1）。试验地点1位于中国农业科学院农业环境与可持续发展研究所顺义科研基地（40°15′N，116°55′E），位于北京市顺义区大孙各庄镇。该地点位于华北平原北部，平均海拔30 m，典型的暖温带半湿润大陆季风气候，年平均日照时长2 684 h，年平均气温12.5℃，年均降水量623.5 mm，降水主要集中在夏季的7—8月。研究区域的土壤类型为潮褐土（泥土64.2%、沙土28.7%和黏土7.1%），土壤详细理化性质见表7.1。

试验地点2位于河北省农林科学院旱作农业研究所旱作节水农业试验站（37°03′~38°23′N，115°10′~116°34′E，海拔17.5~28 m），即衡水市深州护驾迟镇境内。该基地位于黑龙港低平原区，属于暖温带半湿润区，四季分明，冷热干湿区分明显，是典型的大陆性季风气候，多年平均气温12.8℃，日照时数2 509.4 h；多年平均蒸发量1 785.4 mm，全年辐射总量为119~131.1 kcal/cm²。该区域年均降水量为497 mm，且季节和年际分布不均，冬小麦多年全生育期降水量平均为120~160 mm，土壤类型为褐土，土壤质地为沙质壤土。

表7.1 北京顺义、河北衡水试验地点土壤理化性质

土壤要素	北京顺义	河北衡水
土壤密度（g/cm³）	1.4	1.48
全氮（g/kg）	1.15	1.12
全磷（g/kg）	0.69	0.84
全钾（g/kg）	20.22	27.12
速效氮（mg/kg）	61.15	60.6

（续表）

土壤要素	北京顺义	河北衡水
速效磷（mg/kg）	11.98	12.2
速效钾（mg/kg）	87.64	145.72
有机质（g/kg）	16.42	1.14
pH 值	8.12	8.09

7.2 试验设计

（1）设置不同畜禽粪便有机肥类型 包括鸡粪、羊粪和牛粪，在北京主要采用鸡粪和羊粪有机肥，在河北衡水主要采用鸡粪和牛粪有机肥。

（2）不同替代比例 小麦施肥包括基肥和追肥，基肥和追肥1∶1比例，有机肥只是替代基肥部分中的化肥氮，替代比例分别设为30%，50%和100%，即为氮肥总量的15%、25%和50%；各处理记录为：鸡粪（CHM），替代30%、50%、100%，分别记为CHM30，CHM50，CHM100；牛粪及替代比例记为CM30、CM50、CM100；羊粪记为PM30、PM50、PM100。氮肥设为常规施肥和减施20%氮肥低两个梯度（HN、LN），2017年河北衡水试验站小麦季施氮肥量为240 kg N/hm²，195 kg N/hm²；北京顺义试验站小麦季施氮肥量为225 kg N/hm²，180 kg N/hm²，2018年、2019年和2020年河北衡水氮肥施用量为300 kg N/hm²和240 kg N/hm²，北京顺义氮肥施用量为300 kg N/hm²和225 kg N/hm²。

（3）秸秆还田 分别设为减施氮肥20%、30%、40%、50%，磷肥和钾肥为同一施肥量，记为S+80%N（减施氮肥20%，240 kg N/hm²），S+70%N（减施氮肥30%，210 kg N/hm²），S+60%N（减施氮肥40%，180kg N/hm²），S+50%N（减施氮肥50%，150 kg N/hm²）。玉米秸秆还田氮肥施用量为300 kg N/hm²，基肥与追肥6∶4比例，追肥以尿素为主；各个处理磷肥和钾肥为同一施肥量，磷肥为105 kg P₂O₅/hm²，钾肥为105 kg K₂O/hm²，播种时以底肥施入土壤。

供试小麦选用当地主栽品种，北京顺义为轮选987、河北衡水为衡麦4399。

具体施肥处理对应代号见下表7.2。

表 7.2　化肥有机替代试验处理设置

施肥量	有机肥类型	替代基肥氮比例（%）	编号
HN	鸡粪有机肥	100	CHM100
	鸡粪有机肥	50	CHM50
	鸡粪有机肥	30	CHM30
LN	鸡粪有机肥	100	CHM100
	鸡粪有机肥	50	CHM50
	鸡粪有机肥	30	CHM30
HN	羊粪有机肥	100	PM100
	羊粪有机肥	50	PM50
	羊粪有机肥	30	PM30
LN	羊粪有机肥	100	PM100
	羊粪有机肥	50	PM50
	羊粪有机肥	30	PM30
HN	牛粪有机肥	100	CM100
	牛粪有机肥	50	CM50
	牛粪有机肥	30	CM30
LN	牛粪有机肥	100	CM100
	牛粪有机肥	50	CM50
	牛粪有机肥	30	CM30

7.3　技术路线

化肥有机替代无机的总体技术路线见图 7.1。

7.4　测试指标与方法

7.4.1　小麦产量

采用实收测产，小麦收获的同时，在每个小区按照"直线法"选 3 个 1 m² 的样本量分别收割脱粒、除去麦糠杂质后称重，测定籽粒含水率，最后计算试验地块产量。

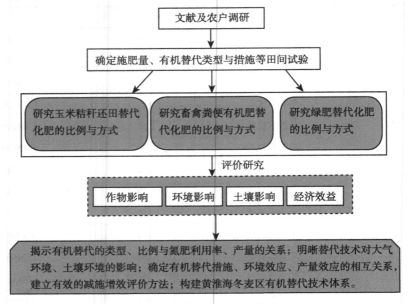

图 7.1　有机替代减施研究技术路线

7.4.2　土壤氨挥发

采用通气法测定土壤氨挥发量。装置用聚氯乙烯硬质塑料管制成，内径 15 cm，高 10 cm，分别将两块厚度均为 2 cm、直径为 16 cm 的海绵均匀浸以 15 mL 的磷酸甘油溶液（50 mL 磷酸+40 mL 丙三醇，定容至 1 000mL）后，置于硬质塑料管中，下层的海绵距管底 5 cm，上层的海绵与管顶部相平。土壤挥发氨的捕获于施肥后的当天开始，在各小区的不同位置，分别放置 5 个通气法的捕获装置，翌日早晨 8 时取样。取样时，将通气装置下层的海绵取出，迅速按小区分别装入塑料袋中，密封；同时换上另一块刚浸过磷酸甘油的海绵。上层的海绵视其干湿情况 3~7 d 更换 1 次。

7.4.3　土壤排放温室气体收集及测定

气体样品采集采用静态气体箱法。采样箱由圆柱形箱体和底座组成，箱体高 50 cm、底座直径 25 cm，顶部有 1 个风扇和采气孔。气体采集时间定在 8—12 时。取气前 1 min 盖上箱体并用水密封，打开风扇电源，风扇运行使箱内气体混合均匀。以此为 0 时刻，用 50 mL 医用注射器连续采集不同时刻的气样用于分析计算不同处理的温室气体排放通量。由于在一定的时间段内,农田温室气体排放浓度的变化呈线性增长(减少),所以可以根据箱内气体浓度随时间变化来计算农田气体排放通量。

$$F = \rho \cdot h \cdot dc/dt \cdot 273/(273+T)$$

式中,F 为气体排放通量 [以 CH_4 和 N_2O 计时为 $\mu g/(m^2 \cdot h)$,以 CO_2 计时,为 $mg/(m^2 \cdot h)$];ρ 为 CH_4、N_2O、CO_2 在标准状态下的密度,CO_2 气体密度为 1.927 kg/m^3,CH_4 气体密度为 0.717 kg/m^3,N_2O 气体密度为 1.977 kg/m^3;h 为采样箱高度(m);dc/dt 为采样过程中采样箱内 CH_4、N_2O、CO_2 的浓度变化率(ppmv/h);T 为采样时箱内的平均温度(℃);273 为气态方程常数。气体通量 F 为负值时表示土壤或土壤—作物体系从大气中吸收该气体;F 为正值时表示土壤或土壤—作物体系向大气排放该气体。

7.4.4　土壤硝态氮/无机氮累积量

在小麦收获后,在北京顺义用土钻采集 0~1 m 土壤,在河北衡水采集 1~2 m 土层,每 20cm 为一层,土钻取回的土放置−20℃冰箱保存,测定时从冰箱中取出解冻,用 100 mL 2 mol/L 的 KCl 溶液浸提 20 g 鲜土,震荡 30 min,静置 10 min,过滤得到上清液,取部分上清液通过 QuikChem 8 000 流动注射全自动分析仪(LACHAT,USA)测定硝态氮和铵态氮浓度,具体分析指标参照《土壤农化分析》(鲍士旦,1980)。过滤液放置 4℃冰箱待测,应 48 h 内检测完毕,同时根据土壤含水量计算硝态氮和铵态氮含量以及硝态氮和无机氮累积量。

7.5　计算公式及数据统计方法

氮肥利用率(%)、氮肥农学利用效率(%)的计算以及数据统计处理方法同前 3.1.1。

7.6　研究结果

7.6.1　畜禽粪便有机替代技术

7.6.1.1　畜禽粪便有机替代与冬小麦产量

(1)河北衡水试验站　2017—2018 年度的田间小麦产量结果如图 7.2 所示,

在 195 kg/hm²氮肥施用量下，产量最高的是鸡粪有机肥替代 50% 的基肥化肥，比常规施肥产量增加了 16.49%；其次是鸡粪有机肥替代 30% 的基肥化肥处理，比常规施肥处理产量提高了 14.64%；鸡粪有机肥替代 100% 的处理产量亦提高了 10.94%。与鸡粪有机肥相比，牛粪有机肥的增产效果略低一些，其中，牛粪 100% 替代处理产量比常规施肥提高了 12.79%，50% 替代处理产量提高了 9%，而替代 30% 比例的产量基本与常规施肥相同。与 195 kg/hm²施氮肥量相比，240 kg/hm²施肥量下的产量不但没有明显的提高，除 CM100 和 CHM100 外，小麦产量反而下降了 1.9%～16.7%。2018—2019 年度小麦各处理的产量与 2018 年结果相似，产量最高的是鸡粪有机肥替代 50% 的化肥，比常规施肥增加了 15.16%；其次是鸡粪有机肥替代 30% 的化肥和牛粪有机肥替代 50% 的化肥，产量分别提高了 10.91% 和 7.7%；牛粪有机肥 30% 替代比例处理的产量与常规施肥产量相当，基本没有差异。

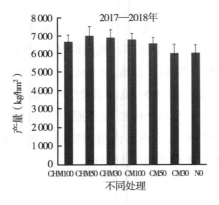

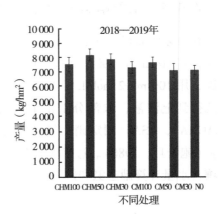

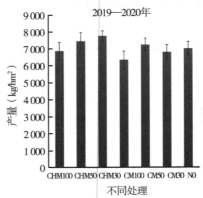

图 7.2　河北衡水基地畜禽粪便处理小麦产量

2020 年不同处理间小麦产量变化规律与前两年的试验结果不同。小麦产量最高的是 300 kg/hm² 施氮量下，采用牛粪有机肥替代 50% 的基肥化肥，该处理比常规处理产量增加 5.6%；其次高产量来自牛粪和鸡粪有机肥分别替代 30% 和 50% 比例的处理，比常规处理产量分别提高 3.8% 和 2.9%；而如果基肥氮肥全部采用有机肥产量却降低 1.8%~12%，说明底肥不宜全部采用有机肥替代化肥。

从 3 年的小麦产量数据可以看出（图 7.3），在常规施肥降低 20% 的氮肥水平下，采用鸡粪和牛粪有机肥替代 30% 和 50% 的基肥化肥氮，产量可以提高 2.5%~16.7%，并且鸡粪比牛粪具有更好的增产效果。

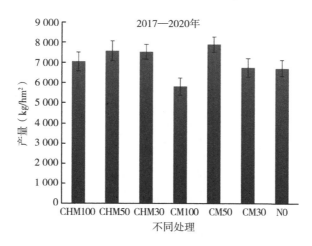

图 7.3　河北衡水基地畜禽粪便处理小麦 2017—2020 年平均产量

（2）北京顺义基地　如图 7.4 所示，北京顺义试验站 2018—2020 年的小麦产量与河北衡水试验站的结果基本一致，2018 年产量最高的也是鸡粪有机肥替代 50% 的化肥，2019 年，产量最高的是低施肥量下羊粪有机肥替代 30% 的化肥；除 PM100 外，采用有机肥替代 30% 和 50% 的化肥，产量比常规施肥处理可以提高 7.38%~17%，比纯施用化肥要提高 7.38%~16.5%。同样，两个施氮肥量的产量没有显著差异。2020 年，产量最高的是 300 kg/hm² 施氮量下鸡粪替代 50% 的基肥化肥氮，产量比常规施肥提高 10.4%，比纯施用化肥增加 13.9%；鸡粪、羊粪替代 30% 的基肥化肥氮也表现出很好的增产效果，比常规施肥可以提高增产 4.8%~9% 的产量。

从北京顺义基地 3 年的冬小麦田间试验产量结果来看（图 7.5），在常规施肥量下采用鸡粪和羊粪有机肥替代 30% 和 50% 的基肥化肥氮，可以提高产量 7.38%~17%；而在减施 20% 化肥氮的水平下，采用该有机替代技术，增产可达 4.6%~17%。

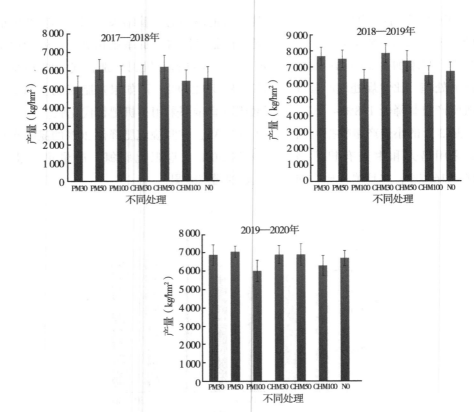

图 7.4　北京顺义基地畜禽粪便有机替代处理小麦产量

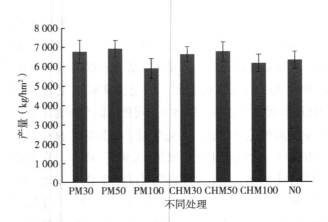

图 7.5　河北衡水基地畜禽粪便处理小麦 2017—2020 年平均产量

7.6.1.2　畜禽粪便有机替代对小麦氮肥农学利用效率影响

与常规施肥量相比，降低 20% 氮肥施用量后，采用有机肥替代化肥具有较高的产量，也具有较高的氮肥农学利用效率。从河北衡水试验站冬小麦 3 年的氮肥农学利用效率平均数据来看（图 7.6）：低施肥量下鸡粪替代 50% 基肥化肥具有最高的氮肥农学效率，其次是有机肥替代 30% 基肥化肥，最低的是高施肥量的 CM100。在北京顺义试验站，2018 年鸡粪替代 50% 基肥化肥具有最高的氮肥农学效率（图 7.7），但是 2019 年最高的氮肥农学效率是鸡粪有机肥取代 30% 的基肥化肥，说明 30% 和 50% 的替代比例均可以取得较好的产量和氮肥农学利用效率。从两个站点的数据来看，有机肥替代 30% 和 50% 的化肥氮，其氮肥农学利用效率接近，均明显高于 100% 替代化肥基肥氮处理；相同氮素水平和替代比例下，鸡粪有机肥效果要好于羊粪和牛粪，采用有机替代化肥氮肥的农学利用效率显著提

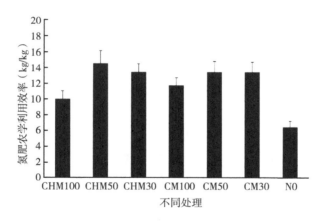

图 7.6　河北衡水小麦氮肥农学利用效率

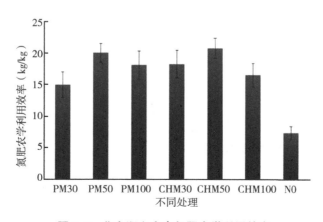

图 7.7　北京顺义小麦氮肥农学利用效率

高，比常规施肥高 40%~134%。

7.6.1.3 畜禽粪便有机替代对小麦氮肥偏生产力的影响

肥料偏生产力是反映当地土壤基础养分水平和化肥施用量综合效应的重要指标。本试验分析了低施肥量下衡水试验站和北京顺义试验站不同处理下冬小麦氮肥偏生产力，结果如图 7.8。从图 7.9 衡水试验站的单个年份数据来看，鸡粪有机肥都是 50%替代比例具有最高的小麦氮肥偏生产力，而牛粪前两年最高的替代50%比例，2019—2020 年最高的是 30%的替代比例处理的氮肥偏生产力。

从北京顺义基地的数据来看，每年的都是鸡粪 50%替代比例具有最高的氮肥偏生产力，而牛粪就在后两年都是 30%替代比例最高。从两个站点 3 年的平均数据来看，氮肥偏生产力最高的是鸡粪有机肥替代 50%化肥氮，其次是牛粪有机肥替代 50%化肥氮；从替代比例来看，50%替代比例要好于 30%替代比例和 100%替代比例，从有机肥类型来看，鸡粪有机肥替代效果普遍要高于同等水平的牛粪有机肥。

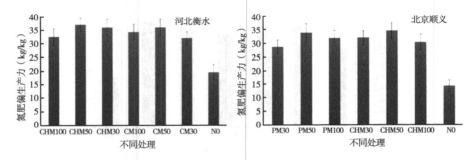

图 7.8 不同站点氮肥偏生产力

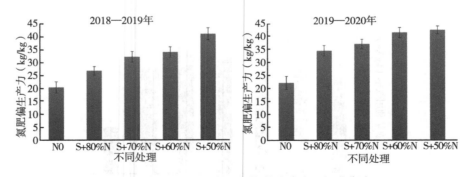

图 7.9 秸秆还田不同处理氮肥偏生产力（河北衡水）

7.6.1.4　畜禽粪便有机替代对小麦氮肥利用率的影响

在 2017—2018 年化肥减施条件下小麦生长季，籽粒吸氮量最高的是 CHM 50，其次是常规施肥和 PM 50 处理。总吸氮量最高的是常规施肥，其次是 CHM 50 和 PM 50 处理。与常规施肥相比，采用有机替代化肥后氮肥利用率明显提高，提高了 6.32%～21.65%；最高的是 CHM 50 和 PM 50 处理，分别为 54.65% 和 52.24%，比常规施肥的氮肥利用率分别提高 21.65% 和 19.24%，氮肥利用率呈 CHM 50>PM 50>PM 100>PM 30>CHM 30>CHM 100>N0。

与 2017—2018 年的数据不同，2018—2019 年低施氮肥下籽粒吸氮量最高的是 PM30、N0 以及 CHM30 处理，秸秆吸氮量最高的是 CHM50，总吸氮量最高的是 CHM30。在氮肥利用率方面，采用有机替代氮肥均可以提高氮肥利用率，提高了 4.22%～21.69%，最高的是 CHM30 处理，呈现 CHM30 > PM30 > CHM100 > CHM50>PM50>PM100>N0 的规律。

7.6.2　玉米秸秆还田有机替代技术

2017—2020 年在河北省农林科学院旱作农业研究所旱作节水农业试验站开展了玉米秸秆还田有机替代化肥减施技术冬小麦田间试验。2017 年设置了玉米秸秆全量还田和半量还田，并设置了冬小麦氮肥减施处理。2018—2020 年根据专家意见对试验方案进行了调整，去掉秸秆半量还田，设为全部秸秆还田和氮肥减施处理，包括减施 20%、30%、40%、50% 氮肥，分别标记为 S+80%N、S+70%N、S+60%N、S+50%N，N_0 为玉米秸秆还田及常规施肥处理（300 kg/hm²）。

7.6.2.1　小麦产量

从表 7.3 可见，2017—2020 年采用玉米秸秆全量还田冬小麦田间试验，氮肥比常规施肥量降低 20%～30% 条件下，冬小麦均可以达到较高产量，比常规施肥平均增产 1.6%～13.9%。2018 年，S+70%N 处理的小麦产量比常规施肥提高 13.9%。2019 年，也是 S+70%N 处理产量最高，增产 9.8%，S+80%N 增产 4.7%。2020 年，S+80%N 产量最高，比常规施肥增产 8.2%，而 S+70%N 处理可以增产 1.6%。

表 7.3　不同年份秸秆还田小麦产量（2017—2020 年）　　　单位：kg/hm²

处理	2017—2018 年	2018—2019 年	2019—2020 年	3 年平均
N_0	6 447.67	7 737.00	7 664.54	7 283.07

（续表）

处理	2017—2018 年	2018—2019 年	2019—2020 年	3 年平均
S+80%N	6 574.00	8 104.05	8 292.71	7 656.92
S+70%N	7 348.12	8 494.25	7 786.02	7 876.13
S+60%N	–	7 691.34	7 465.78	7 578.56
S+50%N	–	7 720.53	6 496.34	7 108.43

7.6.2.2　氮肥农学利用效率和氮肥偏生产力

2017—2020 年 3 年的田间试验结果表明，在氮肥农学利用效率方面，秸秆还田结合氮肥减施比常规施肥处理可以提高 3.8%～105.2%，为 6.84～22.02 kg/kg。其中，2019 年收获冬小麦各处理的氮肥农学利用效率均高于 2018 年和 2020 年，最高为 S+50%处理的 22.02kg/kg，2018 年以 S+70%N 最高，2020 年以 S+80%N 最高。从 3 年的数据结果来看，氮肥农学利用效率呈现 S+60%N>S+50%N>S+70%N>S+80%N>N0 的规律。

如图 7.8 所示，在氮肥偏生产力方面，不同秸秆还田化肥减施处理均高于常规处理，其中最高的是 S+50%N。从每年的数据以及 3 年平均数据来看（表 7.4），氮肥偏生产力呈现出 S+50%N > S+60%N > S+70%N > S+80%N > N0 的规律，与氮肥农学利用效率规律相近。

结合产量结果，氮肥减施 20%～30%条件下，氮肥农学利用效率为 6.84～18.68kg/kg，比常规施肥处理提高了 11.1%～105.2%，氮肥偏生产力提高了 20.1%～67.9%。由此可见，玉米秸秆还田结合减施氮肥具有明显的增产和提高氮肥农学利用率效果。

表 7.4　不同年份秸秆还田小麦氮肥偏生产力（2017—2020 年）　单位：kg/kg

处理	2017—2018 年	2018—2019 年	2019—2020 年	3 年平均
N_0	19.19	20.63	22.15	20.66
S+80%N	23.06	27.01	34.55	28.21
S+70%N	31.27	32.36	37.08	33.57
S+60%N	–	34.18	41.48	37.83
S+50%N	–	41.18	42.46	41.82

7.6.3 有机替代对麦田环境影响

7.6.3.1 土壤硝态氮累积

冬小麦收获后不同有机替代处理 0~1 m 土层硝态氮含量和累积量明显不同（表 7.5、表 7.6）。从表 7.5 可以看出，在 2017—2018 年以及 2018—2019 年小麦生长季，不同土层的硝态氮含量以及累积量具有相似的结果。在低施氮肥条件下，小麦收获后常规施肥处理土壤较高硝态氮含量多集中于较深的 60~100cm 土层，土层越深越容易向下淋溶到地下水；而有机肥替代化肥处理较高硝态氮含量大多位于 20~40 cm 土层和 60~80 cm 土层，其中，鸡粪有机肥替代下较高的硝态氮含量多位于 0~20 cm 和 40~60 cm 土层，说明有机肥和无机肥配施可以降低土壤硝酸盐的淋溶迁移，不同种类畜禽粪便有机肥对于土壤硝酸盐含量的影响效果不同。

表 7.5 畜禽粪便有机替代下小麦收获后土壤硝态氮含量 单位：mg/kg

收获时间 （年.月）	土层 （cm）	不同有机替代处理						
		N0	CHM100	CHM50	CHM30	PM100	PM50	PM30
2018.6	0~20	6.86	5.11	3.71	4.12	9.98	10.44	6.97
	20~40	6.79	4.33	4.57	5.49	8.33	8.48	8.75
	40~60	5.33	3.29	6.17	7.80	7.50	6.14	5.92
	60~80	7.20	2.75	10.02	9.09	4.94	7.12	6.32
	80~100	13.92	2.29	7.03	3.90	5.76	5.58	5.54
2019.6	0~20	38.17	39.56	22.30	22.34	25.55	23.15	22.62
	20~40	32.76	18.69	21.30	14.70	56.66	8.26	5.83
	40~60	88.80	30.35	67.54	25.92	24.89	4.17	9.04
	60~80	90.82	11.44	27.09	22.72	15.87	1.49	13.32
	80~100	42.76	13.62	36.28	18.14	27.52	2.01	13.84

在土壤硝态氮累积量方面，常规施肥处理硝态氮较多累积于 40~100 cm，而有机替代处理硝态氮较多累积在 60 cm 以上的土层（表 7.6），更有利于作物后续的吸收和利用。

表 7.6 畜禽粪便有机替代下小麦收获后土壤硝态氮累积量

单位：mg/hm²

收获时间（年.月）	土层（cm）	不同有机替代处理						
		N0	CHM100	CHM50	CHM30	PM100	PM50	PM30
2018.6	0~20	16.32	12.16	8.82	9.80	23.76	24.85	16.59
	20~40	20.09	12.81	13.53	16.25	24.66	25.09	25.91
	40~60	15.79	9.74	18.26	23.09	22.21	18.16	17.51
	60~80	20.60	7.88	28.67	26.01	14.12	20.35	18.08
	80~100	41.49	6.82	20.95	11.61	17.17	16.63	16.50
2019.6	0~20	90.85	94.14	53.07	53.16	60.82	55.09	53.82
	20~40	96.98	55.32	63.05	43.52	167.71	24.44	17.25
	40~60	262.84	89.83	199.92	76.72	73.68	12.34	26.76
	60~80	259.74	32.72	77.48	64.99	45.38	4.25	38.09
	80~100	127.42	40.58	108.11	54.06	82.01	6.00	41.23

7.6.3.2 土壤氨挥发

采用通气法测定了 2017—2018 年北京顺义小麦种植前期土壤氨挥发速率（表 7.7）。从表 7.8 可以看出，在较低施氮量条件下，冬小麦基肥施用鸡粪、羊粪、牛粪替代 30% 和 50% 的化肥氮肥，施用基肥后氨挥发速率为 0.25~2.59 kg/（hm²·d），而常规处理施用基肥后氨挥发速率为 0.51~4.53 kg/（hm²·d）；氨挥发累积量常规处理为 27.80 kg/hm²，采用有机肥部分替代化肥后，基肥氨挥发量降低为 10.92~13.43 kg/hm²，氨损失量比常规处理降低了 51%~60%，显著降低了氮肥氨挥发损失。因此，采用有机肥部分替代化肥，可以显著降低基肥和追肥后冬小麦田间的氨挥发速率和氨挥发累积量。

表 7.7 低施氮肥下不同有机替代处理土壤氨挥发速率

单位：kg/（hm²·d）

处理	施肥后天数					
	2	4	6	8	10	12
N0	2.59	4.03	3.23	2.02	1.02	0.51

（续表）

处理	施肥后天数					
	2	4	6	8	10	12
LN	1.25	3.05	2.51	0.44	0.42	0.48
CHM30+LN	0.77	1.05	2.39	0.57	0.34	0.34
CHM50+LN	0.89	1.58	2.31	0.66	0.32	0.32
CHM100+LN	0.99	2.44	2.16	0.41	0.37	0.26
PM30+LN	0.79	2.59	2.05	0.57	0.44	0.29
PM50+LN	0.95	2.21	1.95	0.62	0.45	0.26
PM100+LN	0.71	2.76	1.92	0.76	0.46	0.23

7.6.3.3 土壤温室气体排放

目前，我国冬小麦一般都是种肥同播，本试验采集了 2017 年度北京顺义小麦播种后至浇冻水之前的田间气体样品，测定了 CO_2 气体和 N_2O 气体浓度。

表 7.8 畜禽粪便有机替代下麦田 CO_2 排放通量 单位：mg/（$m^2 \cdot h$）

处理	施肥后天数						
	2	3	4	7	10	14	24
CK	189.48	268.18	221.66	198.33	203.10	182.24	170.39
N0	1077.48	673.85	628.74	539.26	554.97	421.25	337.81
CHM30	587.34	244.13	272.14	196.46	211.96	246.18	112.35
CHM50	768.42	357.23	464.25	264.50	326.86	286.97	179.50
CHM100	532.54	370.84	470.40	198.49	265.17	158.43	226.91
PM30	483.90	406.73	380.77	267.24	285.03	235.96	98.33
PM50	618.68	304.14	384.87	292.76	374.56	260.31	131.81
PM100	665.00	489.03	591.33	447.08	424.24	296.12	207.03

从表 7.8 可以看出，CO_2 排放呈现多峰趋势，排放主要分布在施肥前两周。CO_2 通量高峰出现在施肥第 2 天的常规施肥处理，除对照外，其他处理的排放最高峰也是出现在施肥后第 2 天。从数据来看，采用有机肥替代化肥可以减少不同处理下小麦生长季 CO_2 排放，其平均排放顺序为：N0>CHM50>PM100>PM50>CHM100>PM30>CHM30>CK，30%替代比例具有较好的 CO_2 减排效果。

从表 7.9 可以看出，各处理 N_2O 排放主要集中在前期，后期迅速下降。其中，常规施肥处理 N_2O 通量最高值出现在施肥后第 4 天，而添加有机肥替代化肥后，N_2O 通量最高值出现时间发生了差异，CHM30、CHM50、CHM100、PM100 排放高峰是在施肥后的第 2 天，PM30 和 PM50 排放高峰出现是施肥量第 4 天。根据排放通量数据，不同处理下小麦生长季 N_2O 平均排放顺序为：N0>CHM50>PM100>PM30>PM50>CHM100>CHM30>CK，与 CO_2 排放规律类似，30%替代比例处理下 N_2O 排放较少，具有较好的 N_2O 减排效果。

表 7.9　畜禽粪便有机替代下 N_2O 排放通量　　　　单位：$\mu g/$（$m^2 \cdot h$）

处理	施肥后天数/D						
	2	3	4	7	10	14	24
CK	1.95	22.19	27.64	17.63	38.37	11.99	7.90
N0	397.18	570.23	698.40	507.04	460.15	178.84	61.46
CHM30	85.30	35.72	56.19	22.06	53.73	18.64	−0.85
CHM50	209.51	121.96	151.01	42.05	68.94	30.28	2.84
CHM100	151.61	33.92	55.65	18.93	59.71	19.08	1.11
PM30	121.87	88.09	154.64	35.82	73.49	19.26	−0.01
PM50	94.05	88.95	95.39	46.98	64.99	14.64	2.89
PM100	135.93	113.76	99.47	36.22	64.54	21.48	11.57

7.6.4　有机替代条件下小麦化肥减施经济效益

单一减量施用氮肥时，采用有机肥氮替代部分化肥氮，基肥和追肥 1：1 比例，有机肥分别替代 30%和 50%的化肥基肥氮，连续 3 个小麦生长季产量相对稳定，较常规施肥产量提高 1%~17%，鸡粪有机肥具有更高的产量。从经济效益来讲，商品有机肥含氮量低，相当于高含氮量的化肥来讲，购买支出成本要高于单施化肥。但是，目前我国农业农村部鼓励和引导农民增施有机肥，采用物化补贴的方式，鼓励和引导农民增施有机肥、秸秆还田、种植绿肥。北京、江苏、上海、浙江等省市相继出台了农民施用商品有机肥补贴的政策，补贴金额每吨 150~480 元，若采用有机肥替代部分化肥，肥料购买成本与单施化肥成本相当。

分析了化肥减施 20%，且采用有机替代基肥化肥氮的条件下河北衡水冬小麦生产的经济效益，如表 7.10 所示。显见，与农户常规施肥相比，除牛粪有机肥收入较低外，其余处理的净收入和农户常规施肥收入基本一致，没有显著差异。因牛粪含氮量低，水分含量高，因此田间需要更多的有机肥，所以投入要显著高于鸡粪处理。采用鸡粪替代 30% 和 50% 的基肥化肥氮，农户收入略提高 1% 左右，以替代 30% 净收入最高。

表 7.10　低施肥量下冬小麦有机替代化肥经济效益（3 年平均，河北衡水）

处理	产量 （kg/hm²）	产值 （元/hm²）	化肥成本 （元/hm²）	有机肥成本 （元/hm²）	劳力投入 （元/hm²）	净收入 （元/hm²）
CM30	7 109.24	15 640.32	2 360.8	1 384.5	400	11 495.03
CM50	7 428.53	16 342.77	2 259.7	2 314.3	400	11 368.77
CM100	7 006.69	15 414.71	1 997	4 618.5	400	8 399.215
CHM30	7 593.85	16 706.48	2 219.3	424.5	400	13 662.68
CHM50	7 619.22	16 762.27	2 022.2	712.5	400	13 627.57
CHM100	7 223.90	15 892.57	1 527	1 409.8	400	12 555.77
常规施肥	7 033.86	15 474.48	3 000	0	300	12 174.48

注：表内产量为 3 年小麦产量平均值，表内价格为 3 年市场价平均值，磷肥和钾肥各 3 200 元/t，尿素 2 000 元/t，鸡粪有机肥按照 300 元/t，牛粪有机肥按照 200 元/t，追肥劳动力投入 300 元/hm²，施用有机肥需要更多的人工，劳动力投入为 400 元/hm²。

与纯化肥种植冬小麦相比，采用鸡粪有机肥替代部分化肥后 3 年平均产量提高了，然而冬小麦种植的收入没有明显提高，主要用于商品有机肥价格较高，但是该技术产生的生态效益和社会效益显著。

从生态效益来讲，施用有机肥替代部分化肥具有深远的环境效益，施用有机肥可以促进土壤团聚体的形成，改善土壤结构和理化性质，提高土壤自身的抗逆性，提高养分有效性，降低了化肥施用量，从而降低了环境污染，是建立良好的生态环境、实现青山绿水和金山银山的重要途径。

从社会效益来讲，施用有机肥替代部分化肥，可以实现畜禽粪便的资源化利用，促进了有机肥料产业的发展，对培育新的经济增长点，发展有机农业和有机食品，促进农民增收和实现农业可持续发展具有重要的社会效益。

7.6.5　冬小麦化肥有机替代技术规程及示范

根据北京顺义、河北衡水两地 3 年的大田试验结果，构建了冬小麦化肥有机替代配施技术，并形成《小麦化肥有机替代耕作栽培技术规程》。设定氮肥施用量比常规氮肥施用量降低 20%，为 240 kg/hm²，磷肥（P_2O_5）和钾肥（K_2O）分别为 105 kg/hm²，105 kg/hm²，磷肥和钾肥以基肥播种前施入田间，基肥和追肥 1∶1 比例，氮肥 120 kg/hm² 作为基肥，其中鸡粪有机肥替代 15%~25% 的氮肥均可，其余以化肥氮补充，剩余 120 kg/hm² 氮肥在拔节期以尿素追肥。

在 2019—2020 年小麦生长季将有机替代技术与粉垄立式深旋耕减施技术进行集成，并在河南遂平进行示范，核心示范面积 100 亩。2020 年 5 月 12 日，项目主管部门组织专家进行了测产验收。现场测产结果显示，在氮肥减施 20% 的基础上，采用鸡粪有机肥替代 16.8% 的化肥，冬小麦产量较非技术示范区增产 11.64%，实现了化肥减施 20%、增产 3%~5% 的目标任务，达到减肥增效的效果。在该技术示范影响带动下，辐射周边乡镇面积 6 万亩。

7.6.6　本章小结

通过在北京顺义、河北衡水两地 3 年的研究，明确了化肥有机替代类型、替代比例对小麦产量、氮肥农学利用效率、氮肥利用率、经济效益等关键要素的影响，构建了冬小麦化肥减施有机替代技术，得出结论：河北衡水采用 240 kg/hm² 施氮肥量，北京顺义采用 225 kg/hm² 施氮肥量，基追比 1∶1、磷肥（P_2O_5）和钾肥（K_2O）分别为 P_2O_5 105 kg/hm²，K_2O 105 kg/hm²，播种时以底肥施入土壤，施用鸡粪有机肥替代 30% 氮肥（CHM30），可实现小麦增产 2.0%~16%、平均提高 7.5%，氮肥利用率平均提高 16%。同时，CHM30 处理对环境友好，可以显著降低温室气体排放。因此，用鸡粪有机肥替代 30% 氮肥是较好的有机替代化肥减施技术。玉米秸秆全量还田条件下氮肥用量为 240 kg/hm²，比常规施肥减少 20%，基追比 6∶4，可实现小麦平均增产 5.13%，氮肥利用率提高 12.4%，具有较好的增产增收效果。

第8章 化肥农药协同增效减施技术评价

运用耕作制度理念，通过新的耕作方式改善土壤耕层结构，以促进作物水分、养分吸收，增强作物抗逆性，从而达到化肥农药的减量施用。

8.1 试验地点

试验地点位于河南省遂平县农业科学试验站（33°37′N、114°46′E），属暖温带半湿润季风气候，光照充足，雨热同季，海拔高度在47.8~55.8 m，年平均气温、日照、降水量、无霜期分别为14.5℃、2094.9 h、780 mm、223 d。土壤类型为砂姜黑土，重壤偏黏，机械组成为：砂粒（2~0.02 mm）占24.6%，粉粒（0.02~0.002 mm）占39.1%，黏粒（< 0.002 mm）占36.3%，中性偏弱碱性（pH值为7.4），土地肥沃。

8.2 试验设计

试验采用裂区设计，主区为不同耕作方式，副区为两个施肥（农药）因子，种植制度为小麦/玉米一年两熟轮作制，设置两个处理，两个水平，小麦季主处理为粉垄立式旋耕和旋耕粉垄立式旋耕（FL），直接用立式旋耕机深旋耕作业1遍，粉垄土壤耕层深度为20~40 cm，然后用旋耕机轻度（入土2~3 cm）旋耕平整1遍，施肥、播种；旋耕为对照（XG），用旋耕机旋耕2遍（12~16 cm），施肥、播种。每个小区占地0.2 hm²，重复3次。

（1）化肥副处理　小麦季过量施肥（EF）：氮肥300 kg N/hm²，磷肥（P₂O₅）82.5 kg/hm²，钾肥（K₂O）82.5 kg/hm²；小麦季减量施肥10%（RF10）：氮肥（N）270kg/hm²，磷肥（P₂O₅）82.5 kg/hm²，钾肥（K₂O）82.5 kg/hm²；小麦季减量施肥20%（RF20）：氮肥（N）240 kg/hm²，磷肥

（P_2O_5）82.5 kg/hm^2，钾肥（K_2O）82.5 kg/hm^2；小麦季减量施肥 30%（RF30）：氮肥（N）210 kg/hm^2，磷肥（P_2O_5）82.5 kg/hm^2，钾肥（K_2O）82.5 kg/hm^2；其中氮肥的 70% 和磷、钾肥做基肥在整地时一次施入，剩余 30% 氮肥做追肥在拔节期施入；不施肥（RF100）。

（2）农药副处理　每次施药品种、剂量、工具等均保持一致，在依据不同处理小麦的病、虫、草害发生轻、重程度决定是否用药，小麦季减量用药（RP）：从小麦播种至小麦成熟期收获，平均用药 2~3 次；小麦季常规用药（EP）：从小麦播种至小麦成熟期收获，平均用药 5~6 次。各处理对应代号见下表 8.1。

表 8.1　河南遂平两种耕作方式下施肥量及用药量处理编号

耕作方式	处理编号	处理说明	处理编号	处理说明
FL 粉垄立式旋耕	N_1	不施肥，用药 5~6 次	B_1	不施肥，用药 2~3 次
	N_2	减施 30%，用药 5~6 次	B_2	减施 30%，用药 2~3 次
	N_3	减施 20%，用药 5~6 次	B_3	减施 20%，用药 2~3 次
	N_4	减施 10%，用药 5~6 次	B_4	减施 10%，用药 2~3 次
	N_5	小麦季过量施肥（EF），用药 5~6 次	B_5	小麦季过量施肥（EF），用药 5~6 次
XG 普通旋耕	N_6	小麦季过量施肥（EF），用药 5~6 次	B_6	小麦季过量施肥（EF），用药 2~3 次
	N_7	减施 10%，用药 5~6 次	B_7	减施 10%，用药 2~3 次
	N_8	减施 20%，用药 5~6 次	B_8	减施 20%，用药 2~3 次
	N_9	减施 30%，用药 5~6 次	B_9	减施 30%，用药 2~3 次
	N_{10}	不施肥，用药 5~6 次	B_{10}	不施肥，用药 2~3 次

8.3　试验测定项目

8.3.1　地上部测定

小麦苗期、返青拔节期、孕穗灌浆期、成熟期的群体数、干物质累积量，叶片 SPAD、叶温、根长、主根条数、根干物质重。

小麦孕穗灌浆期光合效率、荧光效率、群体冠层温度、群体内环境温度、湿度、群体内环境 CO_2 浓度、灌浆速率、叶片关键酶（SOD、POD、MAT）活性等。

调查小麦播种前土壤中蛴螬、蝼蛄、金针虫等害虫的数量，苗期群体红蜘蛛、蚜虫等数量，返青拔节期小麦白粉病、根部病害的发生情况，拔节孕穗期群体锈病的发生情况，抽穗灌浆期小麦赤霉病发生情况以及穗部蚜虫的数量以及各生育时期杂草的发生情况。

成熟期实收 4 m² 测产以及取样段进行考种（测定株高、穗长、穗粒数、千粒质量以及籽粒的品质指标）。

8.3.2　地下部测定

小麦苗期、返青拔节期、孕穗灌浆期、成熟期的土壤容重、紧实度、土壤速效氮、磷、钾、有机质、pH 值等。

小麦返青拔节期、孕穗灌浆期根部土壤微生物区系、土壤关键酶（蔗糖酶、磷酸酶、脲酶等）活性。

小麦苗期、返青拔节期、孕穗灌浆期、成熟期的 0～30 cm、80～120 cm 两个层次土壤含水量、硝态氮、铵态氮含量，计算养分利用效率以及环境潜在影响。

8.4　其他农业措施

试验基地内小麦品种、播量、灌溉等措施保持一致，小麦品种选用当前农业生产上主推品种，为遂选 101，在整地后当年 10 月中旬播种，翌年 5 月下旬收获。

8.5　研究结果

8.5.1　耕作方式与化肥农药减施对小麦产量影响

籽粒产量

（1）化肥减量施用　单一化肥减施时，氮肥减施当季（2018 年），由图 8.1（a）可以看出，粉垄立式旋耕方式下，常规过量施肥处理（FL N_5，300 kg/hm²）小麦成熟期的籽粒产量为 509.83 kg/亩，氮肥减施 10%（FL N_4，270 kg/hm²）、20%（FL N_3，240 kg/hm²）、30%（FL N_2，210 kg/hm²）、100%（FL N_1，不施肥）处理的产量分别为 485.38、525.21、430.04、449.04 kg/亩。其中，FL N_3 处理高于 FL N_5，增产 15.38 kg/亩，增幅 3.02%；其他处理则低于 FL N_5；FL N_2、FL N_1 显著低于 FL N_5，减产幅度分别为 15.65%、11.92%，达到显著水平。

旋耕方式下，常规施肥处理（XG N_6，300 kg/hm²）的籽粒产量为 532.38 kg/亩，减施 10%（XG N_7，270 kg/hm²）、20%（XG N_8，240 kg/hm²）、30%（XG N_9，210 kg/hm²）、100%（XG N_{10}，不施肥）处理的产量分别为 517.42 kg/亩、538.08 kg/亩、461.29 kg/亩、306.83 kg/亩。化肥减施 20% 的产量稍有增加，其他处理产量减产，其中，XG N_9、XG N_{10} 减产幅度较大，分别为 13.35%、42.37%，达到显著水平。

连续化肥减施，由图 8.1（b）可以看出，粉垄立式旋耕方式下，常规过量施肥处理（FL N_5）小麦成熟期籽粒产量为 660.3 kg/亩，减施 10%（FL N_4）、20%（FL N_3）、30%（FL N_2）、100%（FL N_1）处理产量分别为 668.2 kg/亩、674.6 kg/亩、647.2 kg/亩、409.9 kg/亩。其中，FL N_3、FL N_4 处理均高于 FL N_5，分别增产 18.4 kg/亩、12 kg/亩，增幅分别为 2.90%、1.81%；FL N_2、FL N_1 处理产量则低于 FL N_5，其中，FL N_1 显著减产，籽粒减产幅度分别达到 1.38%、37.31%。

旋耕方式下，常规施肥处理（XG N_6）的籽粒产量为 639.8 kg/亩，减施化肥 10%（XG N_7）、20%（XG N_8）、30%（XG N_9）、100%（XG N_{10} 处理产量分别为

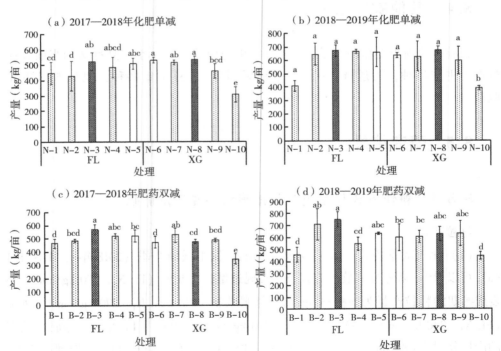

图 8.1　不同耕作方式下化肥农药减施与小麦产量关系

629.5 kg/亩、675.5 kg/亩、597.4 kg/亩、391.3 kg/亩。XG N_8 处理的产量高于 XG N_6，增产幅度 6.01%，其他处理产量减产，其中 XG N_9、XG N_{10} 减产幅度分别为 6.21%、38.41%，XG N_{10} 处理减产显著（$P \leqslant 0.05$）。

（2）化肥农药同时减量施用　化肥减量施用，农药少喷 1 次后，由图 8.1（c）可以看出，粉垄立式旋耕方式下，常规施肥处理（FL B_5，300 kg/hm²）的籽粒产量为 523.29 kg/亩，减施 10%（FL B_4，270 kg/hm²）、20%（FL B_3，240 kg/hm²）、30%（FL B_2，210 kg/hm²）、100%（FL B_1，不施肥）处理的产量分别为 525.25 kg/亩、572.13 kg/亩、486.71 kg/亩、467.46 kg/亩。减施化肥 10%、20%，农药少喷 1 次后，产量有不同程度的增加，分别增产 0.38%、9.33%，减施 30% 以上时减产幅度较大。

旋耕方式下，常规施肥处理（XG B_6，300 kg/hm²）的籽粒产量为 474.92 kg/亩，减施 10%（XG B_7，270 kg/hm²）、20%（XG B_8，240 kg/hm²）、30%（XG B_9，210 kg/hm²）、100%（XG B_{10}，不施肥）处理的产量分别为 532.96 kg/亩、478.83 kg/亩、493.38 kg/亩、348.50 kg/亩。除 FL B_{10} 外，其他 3 个减施化肥和农药处理均有增产，XG B_7 增幅最大，达到 12.21%，其次为 XG B_9（增幅 3.89%），XG B_8 增幅较小，仅为 0.82%。

连续的化肥农药减量施用，由图 8.1（d）可以看出，粉垄立式旋耕方式下，常规过量施肥处理（FL B_5）小麦成熟期的籽粒产量为 633.8 kg/亩，农药减少 1 次喷施，减施 10%（FL B_4）、20%（FL B_3）、30%（FL B_2）、100%（FL B_1）处理产量分别为 543.5 kg/亩、749.3 kg/亩、711.2 kg/亩、453.9 kg/亩，FL B_2、FL B_3 处理产量分别比常规施肥处理增加 72.9 kg/亩、110.9 kg/亩，增幅分别为 11.5%、17.5%；FL B_1、FL B_4 处理减产分别达到 184.4 kg/亩、94.8 kg/亩，FL B_1 减产显著（$P \leqslant 0.05$）。

旋耕方式条件下，XG B_6 常规施肥处理的产量为 597.8 kg/亩，减施 10%（XG B_7）、20%（XG B_8）、30%（XG B_9）、100%（XG B_{10}）处理的产量分别为 603.9 kg/亩、628.9 kg/亩、630.6 kg/亩、443.5 kg/亩，XG B_{10} 处理减产显著（$P \leqslant 0.05$），XG B_7、XG B_8、XG B_9 处理均增产，增幅分别为 0.7%、4.9%、5.2%。

综上所述，在 300 kg/hm² 纯氮施肥水平下，化肥减施或化肥、农药同时减量施可以实现减施不减产的效果。粉垄立式旋耕条件下，单一减施 10%、20% 氮肥分别增产 12 kg/亩、18.4 kg/亩，增幅 1.81%、2.9%；旋耕条件下，减施 20% 增产 6.01%。化肥农药同时减施，粉垄立式旋耕条件下，减施 20%、30% 分别增产

110.9 kg/亩、72.9 kg/亩，增幅分别为 17.5%、11.5%％；旋耕条件下，减施 10%、20%、30%增幅分别为 0.68%、4.88%、5.16%。而且，粉垄立式旋耕技术由于其原位深耕深松并改善土壤团粒结构和通透性能，不仅能够实现肥药双减，而且较旋耕技术更能提高小麦籽粒产量。

8.5.2 耕作方式与化肥农药减施对小麦产量性状影响

8.5.2.1 穗长

化肥减施对小麦穗长的影响，减施当季，由表 8.2 可以看出，粉垄立式旋耕条件下，FL N_4、FL N_3 处理穗长与 FL N_5（7 cm）相同，而 FL N_2、FL N_1 处理的穗长则相对稍短，分别为 6.67 cm、6.17 cm，但是各处理间差异不显著。旋耕方式条件下，所有减施处理较常规施肥处理的穗长持平或略增，处理间差异不显著。

表 8.2 不同旋耕方式下化肥农药减施对小麦产量性状影响

年度	处理		穗长（cm）	千粒质量（g）	穗粒数（粒/穗）	处理		穗长（cm）	千粒质量（g）	穗粒数（粒/穗）
2017—2018 年	FL	N_1	6.17a	51.10ab	36.00ab	FL	B_1	5.67b	50.67ab	35.33a
		N_2	6.67a	50.57abc	37.00ab		B_2	6.67ab	48.67bc	37.00a
		N_3	7.00a	51.80a	35.67ab		B_3	6.67ab	46.30de	38.33a
		N_4	7.00a	50.70abc	36.67ab		B_4	6.83a	44.10f	33.67a
		N_5	7.00a	50.47abc	38.00ab		B_5	6.50ab	49.30bc	33.33a
		N_6	6.33a	48.67d	37.67ab		B_6	6.67ab	48.10cde	33.67a
	XG	N_7	7.00a	48.07de	40.00a	XG	B_7	6.67ab	48.33cd	34.00a
		N_8	6.67a	46.33e	36.33ab		B_8	7.00a	46.17ef	35.33a
		N_9	7.00a	49.60bcd	37.33ab		B_9	7.00a	49.47bc	35.00a
		N_{10}	6.33a	49.03cd	34.33b		B_{10}	6.33ab	51.83a	34.67a
2018—2019 年	FL	N_1	6.07b	55.87a	33.00c	FL	B_1	5.67bc	55.98a	37.00bc
		N_2	6.87ab	50.70c	47.67ab		B_2	6.67a	50.35c	57.33a
		N_3	6.33ab	51.35bc	37.67abc		B_3	6.70a	50.25c	48.00ab
		N_4	7.23a	50.92bc	48.67a		B_4	6.57a	49.88c	43.00bc
		N_5	6.40ab	49.90c	36.67bc		B_5	6.60a	51.00bc	44.00bc
		N_6	6.33ab	50.50c	40.00abc		B_6	6.23ab	51.15bc	32.00c
	XG	N_7	6.33ab	51.33bc	36.33c	XG	B_7	6.20ab	51.32bc	40.67bc
		N_8	6.30ab	53.57ab	38.67abc		B_8	5.23c	53.23ab	34.00c
		N_9	6.63ab	51.35bc	34.33c		B_9	5.27c	50.95bc	34.67c
		N_{10}	5.93b	55.88a	34.67c		B_{10}	5.37c	54.77a	31.00c

化肥、农药同时减量施用后，粉垄立式旋耕条件下，FL B_4、FL B_3、FL B_2 处理的穗长均高于 FL B_5（6.50 cm），FL B_1 处理的穗长最低，显著（$P \geq 0.05$）低于 FL B_4。旋耕方式下，XG B_6 处理的穗长为 6.67 cm，XG B_7、XG B_8、XG B_9 处理的穗长与 XG B_6 相比持平或略增，XG B_{10} 处理最短（6.33 cm）均低于其他处理。

第二季（2018—2019 年）连续化肥减施（表 8.2），粉垄立式旋耕方式下，减施处理的穗长与 FL N_5 相比差异不显著，但是 FL N_4（7.23 cm）的穗长值最大，显著高于 FL N_1（6.07 cm）。旋耕方式下，XG N_7、XG N_8、XG N_9 与 XG N_6 相比持平或略高，XG N_{10}（5.93 cm）处理的穗长值最小，各处理间差异不显著。

连续化肥、农药减量施用，粉垄立式旋耕条件下，FL B_1（5.67 cm）处理的穗长值最小，显著低于其他处理，FL B_4、FL B_3、FL B_2 与 FL B_5 比处理间差异均不显著。旋耕条件下，XG B_6、XG B_7 处理的穗长值较大，分别为 6.23 cm、6.20 cm，XG B_8、XG B_9、XG B_{10} 处理的穗长值较小，分别为 5.23 cm、5.27 cm、5.37 cm，均极显著（$P \leq 0.01$）低于 XG B_6、XG B_7 处理。

可见，粉垄立式旋耕方式下，化肥减施或化肥、农药同时减施对小麦穗长的影响不显著，减施 10%、20%、30% 的穗长有增加的趋势。旋耕方式下，化肥减施或化肥、农药同时减施对小麦穗长的影响不显著，当季减施 10%、20%、30% 的穗长有增加的趋势，连续第二季减施则均减少。

8.5.2.2　千粒重

化肥减量施用对千粒重的影响，减施当季，粉垄立式旋耕条件下，减施处理的千粒重与 FL N_5（50.47g）相比均稍高，其中 FL N_3 处理最高，处理间差异不显著。在旋耕条件下，FL N_7、FL N_8 处理的千粒重较 FL N_6 处理下降，FL N_8（减施 20%）处理显著下降，FL N_9、FL N_{10} 处理则增大（表 8.2）。

化肥、农药同时减量施用，粉垄立式旋耕条件下，FL B_4、FL B_3、FL B_2 处理的千粒重均低于 FL B_5（49.30 g）处理，FL B_4（44.10 g）、FL B_3（46.30 g）处理显著降低。旋耕条件下，仅 XG B_8 处理的千粒重较 XG B_6（48.10 g）下降，其他处理的千粒重均增大，XG B_{10}（51.83 g）处理显著增大，均显著高于其他处理（表 8.2）。

第二季（2018—2019 年）连续化肥减量施（表 8.2），粉垄立式旋耕条件下，FL N_4、FL N_3、FL N_2 处理的千粒重与 FL N_5（49.90 g）相比均增大，差异不显著，FL N_1（55.87 g）千粒重最大，显著高于其他处理。旋耕条件下，减施处理的千粒重均高于 XG N_6（50.50 g），其中 XG N_8（53.57 g）、XG N_{10}（55.88 g）处理达到显著水平。

连续化肥农药同时减量施用，粉垄立式旋耕方式下，FL B$_4$、FL B$_3$、FL B$_2$ 处理的千粒重低于 FL B$_5$（51.00 g），差异不显著，FL B$_1$（55.98 g）处理最大，均显著高于其他处理。旋耕方式下，与 XG B$_6$（51.15 g）相比，XG B$_7$、XG B$_8$ 的千粒重增大，XG B$_9$ 减小，差异不显著；XG B$_{10}$（54.77 g）处理的千粒重最大，显著高于 XG B$_6$、XG B$_7$、XG B$_9$ 处理。

可见，粉垄立式旋耕方式下，化肥减施 10%、20%、30% 有利于增加千粒重；旋耕方式下，减施 30% 增加千粒重，减施 10%、20% 千粒重当季下降，第二季增加。化肥、农药减施，粉垄立式旋耕方式下，减施 10%、20%、30% 千粒重下降，其中减施 10%、20% 当季下降显著；旋耕方式下，减施 10%、30% 千粒重当季增大，减施 20% 则下降，连续减施，减施 10%、20% 千粒重增大，减施 30% 则下降。

8.5.2.3 穗粒数

化肥减量施用当季，立式旋耕条件下，减施处理的穗粒数均低于常规施肥（FL N$_5$）处理，平均少 1~2 粒/穗，但是差异不显著。旋耕条件下，XG N$_8$、XG N$_9$、XG N$_{10}$ 处理的穗粒数均低于 XG N$_6$ 处理，平均少 1~3 粒/穗，但是减施处理与常规施肥处理相比差异不显著，XG N$_7$ 处理的穗粒数最大，显著高于 XG N$_{10}$ 处理（表 8.2）。

第二季连续减施，粉垄立式旋耕方式下，FL N$_4$（48.67 粒/穗）、FL N$_3$（37.7 粒/穗）、FL N$_2$（47.7）处理的穗粒数均高于对照，其中 FL N$_4$ 最大，显著高于 FL N$_5$（36.7 粒/穗）、FL N$_1$（33 粒/穗）处理。旋耕方式下，减施处理的穗粒数均减少，平均减少 1.3~5.7 粒/穗，但是差异不显著（表 8.2）。

化肥、农药同时减量施用，立式旋耕条件下，减施处理的穗粒数与 FL B$_5$ 处理相比持平或增加，各处理之间差异不显著；旋耕条件下，减施处理的穗粒数均高于 XG B$_6$ 处理，其中 XG B$_8$ 的穗粒数最高，各处理之间差异不显著。

第二季连续化肥、农药减施，粉垄立式旋耕方式下 FL B$_3$（48 粒/穗）、FL B$_2$（57.3 粒/穗）处理均高于 FL B$_5$（44 粒/穗）处理，其中 FL B$_2$ 达到显著水平，FL B$_4$（43 粒/穗）、FL B$_1$（37 粒/穗）减小，但是差异不显著。旋耕方式下，XG B$_7$、XG B$_8$、XG B$_9$ 处理的穗粒数高于 XG B$_6$，所有处理之间差异不显著。

可见，立式旋耕条件下，化肥当季减施 10%、20%、30% 穗粒数减小，差异不显著，连续第二季则增加，其中减施 10% 处理在第二季显著增加（12 粒/穗）；减施 100% 处理穗粒数两季均减小。旋耕方式下，减施 20%、30%、100% 处理的穗粒数均减小，平均少 1~3 粒/穗，但是差异不显著；减施 10% 处理当季增加，第二季减少。

化肥、农药同时减施，立式旋耕条件下，当季减施处理的穗粒数持平或增加，差异不显著；连续减施，减施 20%、30% 处理的穗粒数增加，平均增加 4~13 粒/穗，减施 30% 显著增加，减施 10%、100% 处理减少，差异不显著。旋耕条件下，减施 10%、20%、30% 处理的穗粒数均增加，减施 100% 当季增加，第二季减少，所有处理间差异不显著。

8.5.2.4　群体穗数

化肥减量施用后，由图 8.2 可以看出，小麦成熟期，粉垄立式旋耕方式下，除 FL N_1（29.5 万穗/亩）外，FL N_4（36.8 万穗/亩）、FL N_3（38.3 万穗/亩）、FL N_2（34.8 万穗/亩）处理的群体数均高于 FL N_5（33.5 万穗/亩），但是差异不显著。旋耕方式下，XG N_7（38.5 万穗/亩）处理的群体穗数高于 XG N_6（36 万穗/亩），其他处理减小，XG N_{10}（24.5 万穗/亩）显著减小。

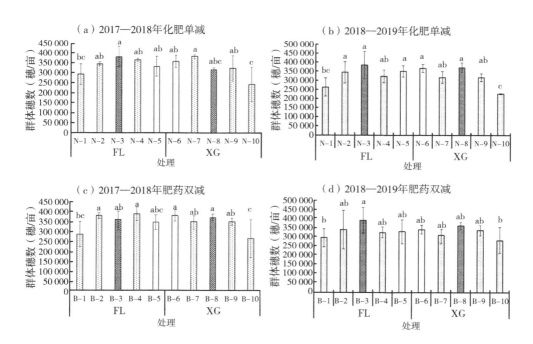

图 8.2　不同耕作方式下化肥农药减施与小麦群体穗数关系

连续化肥减量施用后，由图 8.2（b）可以看出，粉垄立式旋耕方式下，与 FL N_5（35.14 万穗/亩）相比，FL N_3（38.48 万穗/亩）处理的群体穗数增加，FL N_4（32.41 万穗/亩）、FL N_2（34.64 万穗/亩）、FL N_1（26.47 万穗/亩）减小，其中 FL N_1 减小显著。旋耕方式下，仅 XG N_8（37.2 万穗/亩）处理群体数高于 XG N_6（36.75 万穗/亩）处理，差异不显著；其他处理均减小，其中 XG N_{10}（22.68 万穗/亩）显著减小。

化肥、农药减量施用当季，粉垄立式旋耕方式下，除 FL B_1（28.3 万穗/亩）处理外，FL B_2（37.7 万穗/亩）、FL B_3（35.7 万穗/亩）、FL B_4（38.7 万穗/亩）处理的群体穗数均高于 FL B_5（34.3 万穗/亩），但是差异不显著。旋耕方式下，与 XG B_6（37.7 穗/亩）比，减施处理的群体数均有减少，XG B_{10} 减少显著，其他减施处理减少不显著。

连续化肥农药减量施用后，由图 8.2（d）可以看出，粉垄立式旋耕方式下，FL B_4（32.8 万穗/亩）、FL B_1（29.9 万穗/亩）的群体穗数低于 FL B_5（33.2 万穗/亩），其中 FL B_1 显著降低；FL B_3（39.4 万穗/亩）、FL B_2（34.2 万穗/亩）则增加，但是差异不显著。旋耕方式条件下，XG B_7（31.2 万穗/亩）、XG B_9（33.9 万穗/亩）、XG B_{10}（28.2 万穗/亩）的群体穗数低于 XG B_6（34.3 万穗/亩），XG B_{10} 处理显著减少；XG B_8（36.5 万穗/亩）则增加，但是差异不显著。

综上所述，两种耕作方式下，适量减施化肥以及化肥农药双减有助于增加小麦的群体穗数，但是差异不显著。因此，在当前化肥、农药施用量的条件下，减量施用，对千粒重、群体数影响较大，对穗长、穗粒数影响较小。

8.5.3　耕作方式与化肥农药减施对小麦籽粒品质影响

小麦籽粒品质的变化（表8.3），氮肥减施当季（2017—2018 年），粉垄立式旋耕方式下，与 FL N_5（14.3 g/100g）相比，FL N_1（11.8 g/100g）、FL N_2（12.6 g/100g）处理的籽粒蛋白质含量下降较为明显，减施 10%、20% 化肥籽粒蛋白质含量变化不大。相反，减施后籽粒容重有所增加，FL N_1、FL N_2、FL N_3 处理的籽粒容重分别为 782.0、777.0、780.0 g/L，较 FL N_5（775.5 g/L）处理增加 1.5 ~ 6.5 g/L。化肥减施 10%、20%，湿面筋含量有所增加；减施 30%、100%，湿面筋含量则急剧下降，FL N_1、FL N_2、FL N_3、FL N_4、FL N_5 处理的湿面筋含量分别为 21.2%、23.1%、26.9%、26.35%、25.9%。FL N_1 的出粉率、恒定变形拉升阻力（Rm.50.135′，EU）、延伸性（E.135′，mm）均有较大幅度的下降；FL N_1、FL N_2、FL N_3、FL N_4、FL N_5 处理的恒定变形拉升阻力（Rm.50.135′，EU）分别为 457.5、523.0、535.5、435.0、502.5，延伸性（E.135′，mm）分别为 141.5、139.0、152.5、172.0、154.0。

旋耕方式下，化肥减量施用当季，小麦籽粒蛋白质含量均下降，仅 XG N_{10} 处理下降显著；籽粒容重均增加，XG N_8、XG N_9、XG N_{10} 处理显著增加。XG N_7、XG N_8、XG N_9、XG N_{10} 处理的湿面筋含量均下降，比 XG N_6（26.5%）处理低 0.6%~6.7%，其中，XG N_{10} 处理下降达显著水平。出粉率均有提高，XG N_7（72.8%）、XG N_8（73%）、XG N_9（73.3%）处理较 XG N_6（72.3%）增加幅度较大，其中，XG N_9 显著增加。与 XG N_6（539.0 EU）相比，减施处理的恒定变形拉升阻力均减小，其中，XG N_9、XG N_{10} 处理的恒定变形拉升阻力（Rm.50.135′，EU）减小差异显著，分别为 472.0、410.5。减施化肥 10%、20%、30% 后的延伸性能与常规施肥（XG N_6）施肥相比持平或略增，不施肥处理（XG N_{10}）的延伸性显著下降。

旋耕方式下，与 FL N_5（13.6 g/100g）相比，连续减施后籽粒蛋白质含量均下降，FL N_1（10.7 g/100g）、FL N_4（11.9 g/100g）、FL N_3（12.1 g/100g）下降达显著水平。除 FL N_1 处理籽粒容重下降显著外，其他处理籽粒容重变化差异不明显。连续减施后湿面筋含量均下降，其中 FL N_1 显著下降，FL N_2、FL N_3、FL N_4 处理变化不显著。不施肥处理（FL N_1）的出粉率、恒定变形拉升阻力（Rm.50.135′，EU）、延伸性（E.135′，mm）均有较大幅度的下降；FL N_2、FL N_3、FL N_4 处理的恒定变形拉升阻力（Rm.50.135′，EU）较 FL N_5 增大，延伸性减小，出粉率变化不明显。

表 8.3　不同耕作方式下化肥农药减施对小麦籽粒品质影响

年度	耕作方式	处理	蛋白质（干基，g/100g）	容重（g/L）	湿面筋（%）	出分率（%）	恒定变形拉伸阻力（Rm.50.135′，EU）	延伸性（E.135′,mm）
2017—2018 年	FL	N_1	11.75d	782.00a	21.20cd	71.45d	457.50cde	141.50cd
		N_2	12.60c	777.00abc	23.10bc	72.45abc	523.00ab	139.00cd
		N_3	13.95ab	780.00a	26.85a	71.40d	535.50a	152.50bc
		N_4	14.35a	772.50bc	26.25a	71.75cd	435.00de	172.00a
		N_5	14.25ab	775.50abc	25.90a	72.45abc	502.50abc	154.00bc
	XG	N_6	14.05ab	770.50c	26.50a	72.30bc	539.00a	155.00bc
		N_7	13.75ab	777.50abc	25.90a	72.80ab	497.00abc	158.00ab
		N_8	13.55ab	781.00a	25.35ab	73.00ab	496.00abc	159.50ab
		N_9	13.50b	778.00ab	25.15ab	73.25a	472.00bcd	155.00bc
		N_{10}	11.15d	779.50a	19.85d	72.55abc	410.50e	132.50d

（续表）

年度	耕作方式	处理	蛋白质（干基，g/100g）	容重（g/L）	湿面筋（%）	出分率（%）	恒定变形拉伸阻力（Rm. 50. 135', EU）	延伸性（E. 135', mm）
2018—2019 年	FL	N₁	10.74c	814.50d	13.50c	69.15c	416.00e	109.00d
		N₂	12.95ab	818.50abcd	24.60a	69.70bc	497.00abc	134.50ab
		N₃	12.05bc	820.50ab	23.10ab	69.95bc	441.50de	138.00ab
		N₄	11.90bc	815.00cd	23.00ab	72.10a	498.50ab	127.00bc
		N₅	13.55a	815.50bcd	26.10a	69.80bc	433.00e	148.50a
	XG	N₆	12.95ab	814.00d	25.30a	69.80bc	458.00bcde	140.00ab
		N₇	13.15ab	820.00abc	26.50a	69.40c	438.50e	143.00a
		N₈	13.00ab	822.00a	25.75a	69.55c	446.00cde	135.00ab
		N₉	12.80ab	823.00a	25.50a	71.00abc	522.00a	138.50ab
		N₁₀	9.14d	807.50e	19.90b	71.55ab	491.00abcd	116.00cd

第二季连续氮肥减施（2018—2019 年，表 8.3）可以看出，粉垄立式旋耕方式下，连续减施，XG N₇、XG N₈、XG N₉ 处理的籽粒蛋白质含量变化差异不显著，减施 10%、20% 籽粒蛋白质含量略有增加，减施 30% 以上则下降。减施 10%、20%、30% 处理的籽粒容重增大，差异显著，减施 100% 则显著降低，XG N₆、XG N₇、XG N₈、XG N₉、XG N₁₀ 处理的容重分别为 814.0 g/L、820.0 g/L、822.0 g/L、823.0 g/L、807.5 g/L。减施 10%、20%、30% 后的湿面筋含量比 XG N₆（25.3%）处理高 0.6~6.7 个百分点，但是差异不显著，减施 100% 则显著下降。连续氮肥减量施用后对出粉率影响不大，仅 XG N₁₀（71.6%）处理较 XG N₆（69.3%）有较大幅度增加。此外，与 XG N₆（458.0 EU）相比，减施 10%、20% 的恒定变形拉升阻力下降，但是差异不显著，减施 30%（$P<0.05$）、100% 则增大。减施 10%、20%、30% 对面粉的延伸性影响不显著。

综上所述，粉垄立式旋耕方式下，当季减施 10%、20% 籽粒蛋白质含量变化不大，湿面筋含量有所增加；连续减施则均下降。对出粉率、容重、延伸性等的影响在年际间变化规律性不明显。减施 30% 以上时，蛋白质、湿面筋含量均下降。旋耕方式下，当季减施，籽粒蛋白质含量均下降，连续减施 10%、20% 籽粒蛋白质含量略有增加，减施 30% 以上则下降。减施 10%、20%、30% 籽粒容重显著增大。当季减施 10%、20%、30% 后湿面筋含量下降，连续减施后有所提高，但是差异不显著。减施对出粉率、延伸性影响不大，减施 10%、20% 的恒定变形拉升阻力下降，但是差异不显著。

8.5.4 耕作方式、化肥农药减施与小麦养分利用率

8.5.4.1 小麦氮肥农学利用率

氮肥农学利用率（Agronomic eficiency kg grain/kg N）是指施氮肥区产量减去空白不施肥区产量后除以施用氮肥的总量，反映的是当季施入土壤的氮肥对产量的贡献率。

（1）化肥减施 氮肥减施当季，由图8.3（a）可以看出，化肥减量施用后，粉垄立式旋耕条件下，FL N_5、FL N_4、FL N_3、FL N_2 处理氮肥农学利用率分别为 4.79 kg/kg、2.02 kg/kg、5.43 kg/kg、1.65 kg/kg，减氮20%（FL N_3）利用率最高，提高13.4%，减氮30%（FL N_2）最低。旋耕方式条件下，XG N_6、XG N_7、XG N_8、XG N_9 处理氮肥农学利用率分别为 11.3 kg/kg、11.7 kg/kg、14.5 kg/kg、11 kg/kg，减氮20%（XG N_8）利用率最高，提高28.1%，减氮30%（XG N_9）最低。

氮肥连续减施第二季，由图8.3（b）可以看出，粉垄立式旋耕方式下，FL N_5、FL N_4、FL N_3、FL N_2 处理氮肥农学利用率分别为 12.52 kg/kg、14.35 kg/kg、

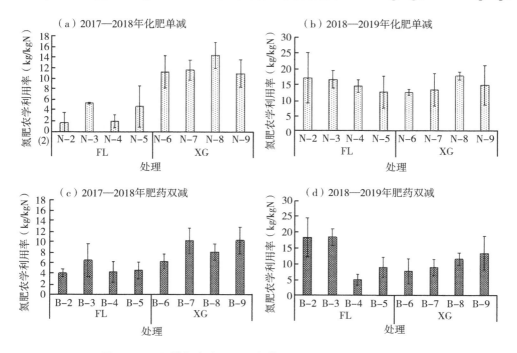

图8.3 不同耕作方式下化肥农药减施与小麦氮肥利用率关系

16.54 kg/kg、16.95 kg/kg，化肥减施后，氮肥农学利用率均有提高，FL N_4、FL N_3、FL N_2 分别提高 14.6%、32.1%、35.4%。旋耕方式下，XG N_6、XG N_7、XG N_8、XG N_9 处理的氮肥农学利用率分别为 12.4 kg/kg、13.2 kg/kg、17.8 kg/kg、14.7 kg/kg，化肥减施后，XG N_7、XG N_8、XG N_9 利用率分别提高 6.5%、43%、18.5%，减施 20% 最高。

在单一减施氮肥的情况下，当季减氮 20% 氮肥农学利用率最高，在粉垄立式旋耕、旋耕方式下分别提高 13.4%、28.1%；连续减施后，减施 10%~30% 的氮肥农学利用率均有提高，在粉垄立式旋耕、旋耕方式下分别提高 14.6%~35.9%、6.5%~43%。粉垄立式旋耕方式显著提高了空白不施肥的产量，显得整体氮肥农学效率偏低，而旋耕方式下由于降低了空白不施肥的产量，使得旋耕方式的农学效率偏高。

（2）化肥农药减施　化肥农药减量施用当季，由图 8.3（c）可以看出，粉垄立式旋耕条件下，FL B_5、FL B_4、FL B_3、FL B_2 处理氮肥农学利用率分别为 4.60 kg/kg、4.34 kg/kg、6.54 kg/kg、4.08 kg/kg，减氮 20% 最高，提高 42.2%，减氮 30% 的最低。旋耕条件下，XG B_6、XG B_7、XG B_8、XG B_9 处理的氮肥农学利用率分别为 6.32 kg/kg、10.25 kg/kg、8.15 kg/kg、10.36 kg/kg，减氮 30% 最高，提高 63.9%，其次为减氮 10% 处理，提高 62.2%，减施 20% 处理提高 29.0%，化肥农药减施高于过量施肥处理。

化肥农药连续减量施用后，粉垄立式旋耕方式下，FL B_5、FL B_4、FL B_3、FL B_2 处理的氮肥农学利用率分别为 8.99 kg/kg、4.98 kg/kg、18.46 kg/kg、18.38 kg/kg，减施 10% 氮肥农学利用率下降，减施 20%、30% 利用率则增加较大幅度，分别提高 105.3%、104.5%。旋耕方式下，XG B_6、XG B_7、XG B_8、XG B_9 处理的氮肥农学利用率分别为 7.71 kg/kg、8.91 kg/kg、11.59 kg/kg、13.37kg/kg，化肥农药减施后，氮肥农学利用率随着减施量的增加而增加，减施 10%、20%、30% 分别提高 15.6%、50.3%、73.4%。

可见，化肥农药同时减量，粉垄立式旋耕方式下，减氮 20% 后氮肥的农学利用率提高 42.17%，第二季连续减施，减施 20%、30% 分别提高 105.3%、104.5%。旋耕方式下，减氮 10%、20%、30% 的氮肥农学利用率分别提高 62.2%、29.0%、63.9%，连续减施，提高幅度下降，分别提高 15.6%、50.3%、73.4%。

8.5.4.2　小麦氮肥偏生产力

氮肥偏生产力（Partial Factor Productivity kg grain/kg N）是指作物施肥后的产量除以氮肥施用量，反映的是施肥对作物产量的贡献程度。

（1）化肥减施　由图 8.4a 可以看出，粉垄立式旋耕方式下，氮肥减施当季（2018 年），氮肥减施后偏生产力均明显提高，常规处理 FL N_5 和减施处理 FL N_4、FL N_3、FL N_2 的氮肥偏生产力分别为 25.49 kg/kg 和 26.97 kg/kg、32.83 kg/kg、30.72 kg/kg，减氮 10%、20%、30%分别提高 5.8%、28.8%、20.5%。第二季连续减施（2019 年），各处理的氮肥偏生产力分别为 33.01 kg/kg 和 37.12 kg/kg、42.16 kg/kg、46.23 kg/kg，减施处理 FL N_4、FL N_3、FL N_2 分别比 FL N_5 分别提高 12.5%、27.1%、40.1%（图 8.4b）。

旋耕方式下，氮肥减施当季（2018 年），常规处理 XG N_6 和减施处理 XG N_7、XG N_8、XG N_9 的氮肥偏生产力分别为 26.62kg/kg、28.75 kg/kg、33.63 kg/kg、32.95kg/kg，减氮 10%、20%、30%分别提高 8.0%、26.2%、23.8%（图 8.4a）。氮肥连续减施（2019 年），由图 3.41（b）可以看出，各处理的偏生产力分别为 31.99kg/kg、34.97 kg/kg、42.22 kg/kg、42.67 kg/kg，减氮 10%、20%、30%分别提高偏生产力 9.3%、32.0%、33.4%，减施氮肥后氮肥对籽粒产量的贡献也明显增强。

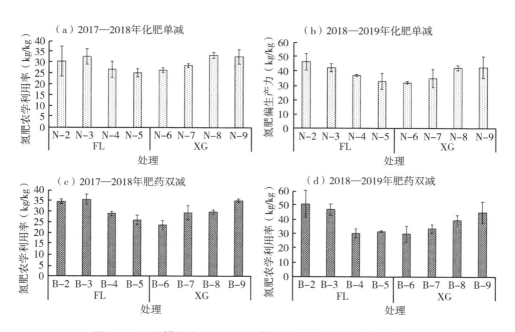

图 8.4　不同耕作方式下化肥农药减施与小麦氮肥偏生产力关系

（2）化肥农药减施　化肥、农药减量施用后，肥药双减当季（2018 年），由图 8.4c 可以看出，粉垄立式旋耕方式下，常规处理 FL N_5 和双减处理 FL N_4、FL

N_3、FL N_2 氮肥偏生产力分别为 26.16kg/kg、29.18 kg/kg、35.76 kg/kg、34.76 kg/kg，双减处理 FL N_4、FL N_3、FL N_2 比常规 FL N_5 处理分别提高 11.5%、36.7%、32.9%。第二季连续肥药双减（2019 年），FL B_5、FL B_4、FL B_3、FL B_2 处理的氮肥偏生产力分别为 31.69 kg/kg、30.20 kg/kg、46.83 kg/kg、50.80 kg/kg，少喷一次药，减施氮肥 10% 的偏生产力稍有下降，双减处理 FL B_3、FL B_2 则分别提高 47.8%、60.3%（图 8.4d）。

旋耕方式下，肥药双减当季（2018 年），与常规 XG N_6（23.75 kg/kg）处理相比，双减处理 XG N_7、XG N_8、XG N_9 的氮肥偏生产力分别为 29.61 kg/kg、29.93 kg/kg、35.24 kg/kg，较对照分别提高 24.7%、26.0%、48.4%（图 8.4c）。第二季连续肥药双减（2019 年），由图 8.4d 可以看出，XG B_6、XG B_7、XG B_8、XG B_9 各处理的氮肥偏生产力分别为 29.89 kg/kg、33.55 kg/kg、39.31 kg/kg、45.04 kg/kg，双减处理 XG B_7、XG B_8、XG B_9 较常规处理 XG B_6 分别提高 13.9%、31.5%、50.7%。

8.5.5 耕作方式、化肥农药减施与小麦生理指标关系

8.5.5.1 叶片过氧化氢酶

过氧化氢酶（catalase，CAT）是植物体内重要的酶促防御系统之一，可以清除过氧化氢，植物组织中过氧化氢含量和过氧化氢酶活力与植物的代谢强度及抗病能力密切相关。

（1）化肥减施　化肥减施后（图 8.5a），粉垄立式旋耕方式下，返青拔节期，与 FL N_5 相比，化肥减施 10%、30%，CAT 酶活性升高，而减施 20%、100% 的酶活性则下降；FL N_1、FL N_2、FL N_3、FL N_4、FL N_5 处理的 CAT 酶活性依次为 8 467.9 U/g·min FW、31 698.3 U/g·min FW、7 527.0 U/g·min FW、25 496.4 U/g·min FW、13 636.1 U/g·min FW。灌浆期，与 FL N_5（10 389.4 U/g·min FW）相比，FL N_4（7 752.3 U/g·min FW）、FL N_3（10 323.1U/g·min FW），CAT 酶活性下降，而 FL N_2（19 228.3 U/g·min FW）、FL N_1（12 801.2 U/g·min FW），CAT 酶活性上升幅度较大。

旋耕方式下，返青拔节期，XG N_7 处理的 CAT 酶活性下降，XG N_8 处理的 CAT 酶活性则呈增加趋势，XG N_9 活性最强，XG N_6、XG N_7、XG N_8、XG N_9、XG N_{10} 处理的 CAT 酶活性分别为 10 813.5 U/g·min FW、7 831.8 U/g·min FW、11 873.6 U/g·min FW、30 253.8 U/g·min FW、13 914.4 U/g·min FW。灌浆期，XG N_7 处理的 CAT 酶活性较 XG N_6（15 298.6 U/g·min FW）升高，其他处理则大幅度下

降，XG N_7、XG N_8、XG N_9、XG N_{10} 处理的 CAT 酶活性分别为 20 381.2 U/g·min FW、10 455.7 U/g·min FW、9 673.8 U/g·min FW、9 978.6 U/g·min FW。

（2）化肥农药减施　连续化肥、农药减量施用后（图 8.5b），粉垄立式旋耕方式下，返青拔节期，与 FL B_5 比，减施提高了旗叶叶片 CAT 酶的活性，FL B_1、FL B_2、FL B_3、FL B_4、FL B_5 处理拔节期、灌浆期的 CAT 酶活性分别为 8 467.9 U/g·min FW、31 698.3 U/g·min FW、7 527.0 U/g·min FW、25 496.4 U/g·min FW、13 636.1 U/g·min FW 和 11 555.6 U/g·min FW、68 750.3 U/g·min FW、24 038.7 U/g·min FW、10 111.1 U/g·min FW、8 785.9 U/g·min FW。旋耕方式下，返青拔节期，与 XG B_6 处理相比，XG B_7 处理的 CAT 酶活性下降，XG B_8 处理的 CAT 酶活性则呈增加趋势，XG B_9 处理活性最大。灌浆期，XG B_7 处理的 CAT 酶活性升高，其他减施处理的酶活性则大幅度下降；XG B_6、XG B_7、XG B_8、XG B_9、XG B_{10} 处理的 CAT 酶活性分别为 34 848.9 U/g·min FW、36 455.7 U/g·min FW、19 692.2 U/g·min FW、11 688.1 U/g·min FW、11 688.1 U/g·min FW。

8.5.5.2　超氧化物歧化酶

活性氧（Reactive Oxgyen Species，ROS）是植物体内一种重要的信号分子，它会对植物造成毒害，在长期的适应过程中，为了响应和防御氧化胁迫，植物形成了自身的一套调节解毒机制。超氧化物歧化酶（SOD）是酶促清除活性氧损害的第一道防线，是需氧生物细胞中普遍存在的一种含金属的酶。

（1）化肥减施　由图 8.5c 可以看出，化肥减量施用后，粉垄立式旋耕方式下，小麦返青拔节期，灌浆期，与 FL N_5 相比，减施后的 SOD 酶活性没有表现出明显的规律性。旋耕方式下的趋势与粉垄立式旋耕方式相似，没有明显的规律性。

（2）化肥农药减施　连续化肥农药同时减量施用后，灌浆期，粉垄立式旋耕方式下，FL B_1、FL B_2、FL B_3、FL B_4、FL B_5 处理的 SOD 酶活性 45 U/（g·min）、72 U/（g·min）、114 U/（g·min）、0 U/（g·min）、0 U/（g·min），XG B_6、XG B_7、XG B_8、XG B_9、XG B_{10} 处理的 SOD 酶活性分别为 0 U/（g·min）、0 U/（g·min）、0 U/（g·min）、139.5 U/（g·min）、274.5 U/（g·min）（2018—2019 年，图 8.5d）。在化肥农药同时减量施用，对叶片 SOD 酶活的影响规律性不明显。总之，化肥减施或者化肥农药同时减施，对小麦叶片超氧化物歧化酶活性影响没有规律性。

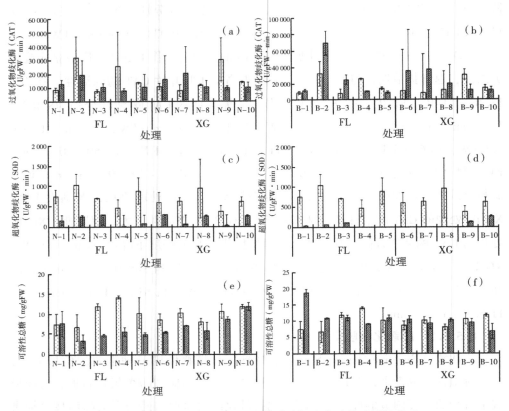

图 8.5　不同耕作方式下化肥农药减施与小麦叶片酶活性关系

8.5.5.3　叶片可溶性糖

植物体内可溶性糖是指能溶于水及乙醇的单糖和寡聚糖。叶片可溶性糖是植物光合作用产物积累与运输的主要形式，同时也是植物对环境适应的关键抗逆指标之一。

（1）化肥减施　由 2018—2019 年的结果（图 8.5e）可以看出，化肥减施后，粉垄立式旋耕条件下，小麦返青拔节期，与 FL N$_5$（10.312 mg/gFW）比，FL N$_4$（14.274 mg/gFW）、FL N$_3$（11.990 mg/gFW）处理的叶片可溶性糖含量增加，FL N$_2$（6.715 mg/gFW）、FL N$_1$（7.450 mg/gFW）叶片可溶性糖含量下降；灌浆期，FL N$_1$、FL N$_2$、FL N$_3$、FL N$_4$、FL N$_5$ 的可溶性总糖含量分别为 7.747 mg/gFW、3.327 mg/gFW、4.683 mg/gFW、5.589 mg/gFW、4.917 mg/gFW，减施 10% 叶片可溶性糖含量增加，减施 20%、30% 叶片可溶性糖含量下降幅度较大。旋耕方式下，小麦返青拔节期，与 XG N$_6$ 比，仅 XG N$_8$ 处理的可溶性糖含量减小，其他减

施处理均增加，灌浆期，减施处理的糖含量均增加；XG N_6、XG N_7、XG N_8、XG N_9、XG N_{10} 各处理的在拔节期、灌浆期的叶片可溶性总糖含量分别为 8.684 mg/gFW、10.381 mg/gFW、8.135 mg/gFW、10.756 mg/gFW、11.955 mg/gFW和 5.469 mg/gFW、7.109 mg/gFW、5.794 mg/gFW、8.755 mg/gFW、11.921 mg/gFW。

（2）化肥农药减施　化肥、农药同时减量施用后，粉垄立式旋耕方式下，减施10%、20%的氮肥，少喷1次要处理的叶片可溶性糖含量有增加趋势；减施30%、100%的氮肥，少喷1次药，叶片可溶性糖含量在返青拔节期降低，灌浆期则有升高的趋势；FL B_1、FL B_2、FL B_3、FL B_4、FL B_5 各处理在返青拔节期、灌浆期的叶片可溶性总糖含量分别为 7.45 mg/gFW、6.72 mg/gFW、11.99 mg/gFW、14.27 mg/gFW、10.31 mg/gFW 和 18.88 mg/gFW、11.0 mg/gFW、11.14 mg/gFW、9.17 mg/gFW、11.05 mg/gFW。旋耕方式下，减施20%的叶片可溶性总糖含量均下降，其他减施处理呈现出拔节期升高，灌浆期下降的趋势；XG B_6、XG B_7、XG B_8、XG B_9、XG B_{10} 处理在拔节期、灌浆期的可溶性总糖含量分别为 8.68 mg/gFW、10.381 mg/gFW、8.14 mg/gFW、10.76 mg/gFW、11.96mg/gFW 和 10.66 mg/gFW、9.36 mg/gFW、10.46 mg/gFW、9.70 mg/gFW、6.67mg/gFW（图 8.5f）。

8.5.6　耕作方式、化肥农药减施与麦田群体微环境关系

8.5.6.1　小麦冠层温度

（1）化肥减施　氮肥减施当季（2017—2018 年），粉垄立式旋耕方式下群体冠层温度（表 8.4）看出，小麦返青拔节期，FL N_2 处理的冠层温度最高，达到 23.92℃，显著高于其他 4 个处理；FL N_5 处理次之，为 23.08℃，显著高于 FL N_3、FL N_1 处理，FL N_1（22.02℃）处理的温度最低。灌浆期，FL N_3（25.28℃）的冠层温度最高，显著高于 FL N_4（24.47℃）、FL N_2（24.35℃）处理。

旋耕方式下，小麦返青拔节期，XG N_{10}（23.17 ℃）处理的冠层温度最高，显著高于 XG N_6（22.15℃）、XG N_8（22.22℃）、XG N_9（21.95℃）处理，高出 0.9~1.2℃。灌浆期，XG N_{10}（26.25 ℃）处理的群体冠层温度最高，显著高于 XG N_6（24.57℃）、XG N_8（25.60℃）、XG N_9（25.62℃）处理，XG N_6 最低。

第二季连续氮肥减施（2018—2019 年，表 8.4），粉垄立式旋耕方式下，小麦在返青拔节期冠层温度的变化，FL N_1（17.43℃）处理的冠层温度最高，其次

为 FL N_5（17.40℃）处理，均显著高于 FL N_3（16.28℃）处理，FL N_2、FL N_4 处理的冠层温度稍低于常规施肥处理。

旋耕方式下，所有处理的冠层温度差别不大，化肥减施与常规施肥之间差异不显著。小麦灌浆期，粉垄立式旋耕方式下，与 FL N_5（26.55℃）相比，减施化肥均导致灌浆期冠层温度降低的趋势，各处理间差异不显著（$P \geqslant 0.05$）；旋耕方式下，与 XG N_6（26.30℃）相比，化肥减施10%、20%后，灌浆期冠层温度稍有升高，减施30%、100%则导致冠层温度稍有下降（表8.4）。

表8.4　不同耕作方式下化肥农药减施对小麦冠层温度及地温影响　　　（℃）

年度	耕作方式	处理	冠层温度		地面温度		处理	冠层温度		地面温度	
			返青拔节期	灌浆期	返青拔节期	灌浆期		返青拔节期	灌浆期	返青拔节期	灌浆期
2017—2018年	FL	N_1	22.02d	24.87cd	27.65b	23.13b	B_1		23.87e		21.50c
		N_2	23.92a	24.35d	30.25a	21.47c	B_2		24.42de		20.42e
		N_3	22.77bc	25.28bc	21.87de	20.05f	B_3		24.90cd		21.05cde
		N_4	22.33cd	24.47d	23.47cd	20.28def	B_4		25.52bc		20.55de
		N_5	23.08b	24.70cd	22.02de	20.13ef	B_5		24.93cd		21.10cde
		N_6	22.15cd	24.57d	23.47cd	20.60cdef	B_6		25.00cd		21.02cde
	XG	N_7	22.27bc	25.72ab	23.23cde	19.92f	B_7		25.07cd		21.35cd
		N_8	22.22cd	25.60b	21.77e	21.30cd	B_8		25.85b		22.37b
		N_9	21.95d	25.62b	24.03c	21.27cde	B_9		25.60bc		21.20cde
		N_{10}	23.17b	26.25a	28.85a	24.67a	B_{10}		26.62a		24.95a
2018—2019年	FL	N_1	17.43a	26.28ab	18.85a	25.17b	B_1	17.28a	25.75a	18.10ab	26.58b
		N_2	16.78ab	25.43ab	17.70abcd	24.27b	B_2	16.50bcd	25.23abc	17.17bc	24.02cd
		N_3	16.28b	25.98ab	16.57d	24.15b	B_3	16.60bc	25.43abc	16.27c	23.02cd
		N_4	16.95ab	25.93ab	17.00cd	24.17b	B_4	16.23cd	25.60ab	16.08c	23.47cd
		N_5	17.40a	26.55ab	17.58abcd	24.22b	B_5	16.52bcd	24.82bc	16.92bc	22.40d
		N_6	17.07a	26.30ab	18.00abc	24.33b	B_6	16.43cd	25.93ab	17.03bc	23.95cd
	XG	N_7	17.30a	26.60ab	18.15abc	25.27b	B_7	16.08d	24.58c	16.73bc	24.30c
		N_8	16.98a	26.45a	17.32bcd	25.47ab	B_8	16.23cd	25.28abc	16.63bc	23.92cd
		N_9	17.23a	25.55ab	18.63ab	24.84b	B_9	16.95ab	25.67ab	16.12c	24.73bc
		N_{10}	17.17a	25.23b	18.80ab	26.82a	B_{10}	17.10a	26.00a	19.38a	30.78a

（2）化肥农药减施　化肥、农药同时减施当季（2017—2018 年），粉垄立式旋耕方式下，灌浆期，FL B$_1$（23.87℃）的群体冠层温度最低，显著低于 FL B$_3$（24.90℃）、FL B$_4$（25.52℃）、FL B$_5$（24.93℃）处理。群体内地表温度仅在 FL B$_1$（21.50℃）、FL B$_2$（20.42℃）处理间存在显著差异。旋耕方式下，灌浆期，XG B$_{10}$（26.62℃）处理的冠层温度最高，显著高于其他 4 个处理，XG B$_6$（25.00℃）冠层温度最低。

连续化肥农药同时减量施用（2018—2019 年），返青拔节期，粉垄立式旋耕方式下，与 FL B$_5$（16.52℃）处理相比，减施 10%、20%、30% 处理的冠层温度变化差异不显著，FL B$_1$（17.28℃）处理的冠层温度最高，显著（$P<0.05$）高于其他处理。旋耕方式下，与 XG B$_6$（16.43℃）相比，减施 10%、20% 处理的冠层温度略低，差异不显著；XG B$_9$（16.95℃）、XG B$_9$（17.10℃）处理的冠层温度则显著（$P<0.05$）升高。小麦灌浆期，粉垄立式旋耕方式下，FL B$_5$（24.82℃）处理的冠层温度最低，化肥减施处理的温度则均较高，其中 FL B$_1$（25.75℃）处理的冠层温度最高，显著（$P\leq0.05$）高于常规过量施肥处理；旋耕方式下，XG B$_6$（25.93℃）、XG B$_{10}$（26.00℃）处理的群体冠层温度高于化肥减施 10%、20%、30% 处理，其中显著高于 XG B$_7$（24.58℃）处理（表 8.4）。

8.5.6.2　小麦田地表温度

（1）化肥减施　群体内地表温度的变化，小麦返青拔节期，FL N$_2$（30.25℃）处理最高，显著高于其他 4 个处理，FL N$_1$（27.65℃）次之，显著高于 FL N$_3$（21.87℃）、FL N$_4$（23.47℃）、FL N$_5$（22.02℃）处理。灌浆期，FL N$_1$（23.13℃）处理的群体内地表温度最高，显著高于其他处理，FL N$_2$（21.47℃）次之，显著高于 FL N$_3$（20.05℃）、FL N$_4$（20.28℃）、FL N$_5$（20.13℃）处理（表 8.4）。

在返青拔节期，XG N$_{10}$ 处理地表温度最高（28.85℃），显著高于其他 4 个处理，XG N$_8$（21.77℃）最低，显著低于 XG N$_6$、XG N$_9$、XG N$_{10}$ 处理；灌浆期，XG N$_{10}$ 处理地表温度最高（24.67℃），显著高于其他处理，XG N$_7$（19.92℃）处理最低。

连续 2 季化肥减施后（2018—2019 年），小麦返青拔节期，粉垄立式旋耕方式下，FL N$_4$（17.00℃）、FL N$_3$（16.57 ℃）处理的群体内地面温度均低于 FL N$_5$（17.58℃）处理，其中氮肥减施 20% 则显著（$P>0.05$）降低，FL N$_2$、FL N$_1$ 处理的群体内地面温度均高于常规对照（$P>0.05$）（表 8.4）。旋耕方式下，XG N$_7$、XG N$_9$、XG N$_{10}$ 处理的群体内地面温度均高于 XG N$_6$（18.00℃），XG N$_8$ 处

理则略低于对照，处理间差异不显著。小麦灌浆期，粉垄立式旋耕方式下，FL N_5 处理的群体内地面温度与 FL N_4、FL N_3、FL N_2 相比差别较小，与 FL N_1（25.17℃）相比则相差 0.95℃，但是所有处理之间差异不显著。

旋耕方式下，常规施肥对照（XG N_6，24.33℃）处理的群体内地面温度均低于 XG N_7、XG N_8、XG N_9、XG N_{10} 处理，极显著低于减施 100%（XG N_{10}，26.82℃）。

（2）化肥农药减施 化肥、农药同时减施当季（2017—2018 年），粉垄立式旋耕方式下，灌浆期群体内地表温度仅在 FL B_1（21.50℃）、FL B_2（20.42℃）处理间存在显著差异。旋耕方式下，灌浆期群体内地表温度以 XG B_{10}（24.95℃）处理的最高，显著高于其他处理，XG B_8（22.37℃）次之，显著高于 XG B_6（21.02℃）、XG B_7（21.35℃）、XG B_9（21.20℃）处理（表 8.4）。

连续化肥农药减量施用后，小麦返青拔节期，粉垄立式旋耕方式下，所有处理之间的群体内地面温度差异不显著。旋耕方式下，与 XG B_6（17.03℃）相比，XG B_7、XG B_8、XG B_9 处理的群体内地面温度有一定下降，而 XG B_{10}（19.38℃）处理的群体内地面温度则上升，且显著高于其他处理。小麦灌浆期，粉垄立式旋耕方式下，与 FL B_5（22.40℃）相比，FL B_1（26.58℃）处理最高，显著高于其他处理，FL B_4（23.47℃）、FL B_3（23.02℃）、FL B_2（24.02℃）处理的群体内地面温度则有较大幅度升高。旋耕方式下，XG B_7、XG B_9、XG B_{10} 处理的的群体内地面温度较 XG B_6（23.95℃）有一定程度上升，XG B_{10}（30.78℃）显著升高（表 8.4）。

8.5.6.3 小麦田群体 CO_2 浓度

化肥减量当季（2017—2018 年），由表 8.5 可以看出，粉垄立式旋耕条件下，小麦返青拔节期，FL N_3（412.4 mg/L）处理的群体 CO_2 浓度最高，FL N_4（408.4 mg/L）次之，FL N_1（381.8 mg/L）最低，显著低于其他处理，低 8.4~30.6 mg/L；灌浆期，FL N_1 处理最高，为 452.7 mg/L，显著高于其他处理，FL N_4（410.7 mg/L）处理最低。旋耕方式下，返青拔节期各处理的田间群体内 CO_2 浓度差别较小；灌浆期，XG N_8（483.7 mg/L）处理的群体 CO_2 浓度最高，显著高于其他处理，XG N_7（430.0 mg/L）次之，显著高于最低的 XG N_{10}（400.3 mg/L）处理。

化肥农药同时减量施用当季（2017—2018 年），粉垄立式旋耕方式下，与 FL B_5（440.0 mg/L）相比，FL B_3（539.7 mg/L）、FL B_1（498.7 mg/L）处理的群体 CO_2 浓度升高，FL B_4（405.3 mg/L）、FL B_2（408.0 mg/L）处理的浓度则减小。旋耕方式下，XG B_6（511.7 mg/L）处理的群体 CO_2 浓度最高，显著高于最

低的 XG B_{10}（417.7 mg/L）处理，XG B_9（472.7 mg/L）次之。

表 8.5　不同耕作方式下化肥农药减施对小麦田群体 CO_2 浓度影响（mg/L）

年度	耕作方式	处理	返青拔节期	灌浆期	处理	返青拔节期	灌浆期
2017—2018 年	FL	N_1	381.8d	452.67b	B_1		498.67abc
		N_2	390.2cd	422.67cd	B_2		408.00d
		N_3	412.4a	419.00cd	B_3		539.67a
		N_4	408.4ab	410.67cd	B_4		405.33d
		N_5	396.2bc	423.33cd	B_5		440.00bcd
	XG	N_6	381.8d	419.33cd	B_6		511.67ab
		N_7	386.2cd	430.00bc	B_7		442.67bcd
		N_8	389.0cd	483.67a	B_8		447.00bcd
		N_9	388.4cd	405.33cd	B_9		417.67cd
		N_{10}	384.2cd	400.33d	B_{10}		472.67abcd
2018—2019 年	FL	N_1	393.67def	453.00b	B_1	375.00bc	416.00cde
		N_2	392.67def	444.00b	B_2	385.67a	409.67e
		N_3	412.67bc	440.67b	B_3	388.67a	430.33ab
		N_4	408.33bcd	486.67a	B_4	386.33a	430.67ab
		N_5	412.33bc	416.00cd	B_5	388.00a	421.33bcd
	XG	N_6	377.00f	418.67cd	B_6	381.67ab	417.67cde
		N_7	396.33cde	422.67c	B_7	387.67a	413.33de
		N_8	419.67b	407.33d	B_8	372.00c	436.00a
		N_9	450.00a	409.67cd	B_9	384.00ab	426.00abc
		N_{10}	390.00ef	408.00cd	B_{10}	369.33c	418.33cde

连续化肥减量施用后（2018—2019 年），由表 8.5 可以看出，粉垄立式旋耕方式下，小麦返青拔节期，与 FL N_5（412.33 mg/L）比，减施后群体内 CO_2 浓度有下降的趋势，FL N_2（392.67 mg/L）、FL N_1（393.67 mg/L）下降显著；灌浆期，FL N_5、FL N_4、FL N_3、FL N_2、FL N_1 各处理的群体 CO_2 浓度分别为 416.00 mg/L、486.67 mg/L、440.67 mg/L、444.00 mg/L、453.00 mg/L，减施后则显著升高。旋耕方式下，小麦返青拔节期，XG N_6、XG N_7、XG N_8、XG N_9、XG N_{10} 处理的群体 CO_2 浓度分别为 377.00 mg/L、396.33 mg/L、419.67 mg/L、450.00 mg/L、

390.00 mg/L，减施处理的群体 CO_2 浓度均升高，其中 XG N_7、XG N_8、XG N_9 处理显著升高；灌浆期，各处理的群体 CO_2 浓度分别为 418.67 mg/L、422.67 mg/L、407.33 mg/L、409.67 mg/L、408.00 mg/L，减施 XG N_8、XG N_9、XG N_{10} 处理的群体 CO_2 浓度下降，减施处理与 XG N_6 比差异不显著。

化肥农药同时连续减量施用后（2019 年），粉垄立式旋耕方式下，小麦返青拔节期，减施处理的群体内 CO_2 浓度均下降，其中减施 100% 的处理下降显著。灌浆期，FL B_1、FL B_2、FL B_3、FL B_4、FL B_5 处理的群体内 CO_2 浓度分别为 416.00 mg/L、409.67 mg/L、430.33 mg/L、430.67 mg/L、421.33 mg/L，化肥减施 10%、20% 后群体 CO_2 浓度有所升高，继续减施则呈下降趋势（表 8.5）。

旋耕方式下，小麦返青拔节期，XG B_6、XG B_7、XG B_8、XG B_9、XG B_{10} 各处理的群体 CO_2 浓度分别为 381.67 mg/L、387.67 mg/L、372.00 mg/L、384.00 mg/L、369.33 mg/L，与常规施肥相比，化肥减施 20%、100% 处理的群体 CO_2 浓度含量显著降低（表 8.5）；小麦灌浆期，各处理的群体 CO_2 浓度分别为 417.67 mg/L、413.33 mg/L、436.00 mg/L、426.00 mg/L、418.33 mg/L，化肥减施 20%、30% 的群体 CO_2 浓度则有升高趋势。

8.5.6.4　小麦田土壤酶活性

（1）脲酶　脲酶存在于大多数细菌、真菌和高等植物里，它是一种酰胺酶，仅能水解尿素。土壤脲酶活性与土壤的微生物数量、有机质、全氮和速效磷含量呈正相关。化肥减量施用后，粉垄立式旋耕方式下，与 FL N_5 相比，小麦返青拔节期，化肥减施处理的脲酶活性呈升高趋势，提高 0.987～12.956 mg（NH_3-N）/g，灌浆期则呈下降趋势，降低 2.047～7.389 mg（NH_3-N）/g。旋耕方式下，与 XG N_6 相比，小麦返青拔节期，减施后土壤脲酶呈下降趋势，灌浆期变化不大。XG N_6、XG N_7、XG N_8、XG N_9、XG N_{10} 处理在返青拔节期土壤脲酶活性分别为 42.445 mg/L、35.949 mg/L、37.554 mg/L、28.740 mg/L、41.690 mg（NH_3-N）/g（图 8.6）。

化肥、农药同时减量施用后，小麦灌浆期，与 FL B_5 处理相比，粉垄立式旋耕方式下，FL B_1、FL B_2、FL B_3、FL B_4、FL B_5 处理土壤脲酶活性分别为 21.313 mg（NH_3-N）/g、20.422 mg（NH_3-N）/g、23.138 mg（NH_3-N）/g、16.105 mg（NH_3-N）/g、16.906 mg（NH_3-N）/g；肥药减施后酶活性呈增加趋势；旋耕方式下，与 XG B_6 处理相比，XG B_6、XG B_7、XG B_8、XG B_9、XG B_{10} 处理耕层土壤脲酶活性分别为 20.378 mg（NH_3-N）/g、19.087 mg（NH_3-N）/g、19.977 mg（NH_3-N）/g、16.906 mg（NH_3-N）/g、23.182 mg（NH_3-N）/g，肥药减施

后酶活性呈下降趋势。

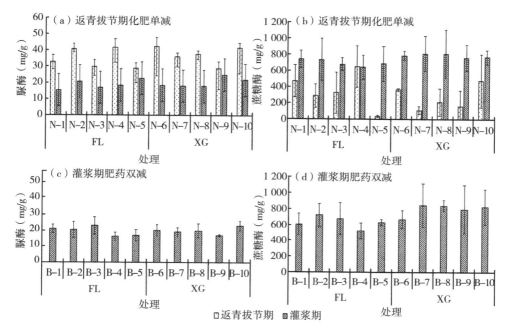

图8.6　不同耕作方式下化肥农药减施与土壤酶活性关系

（2）蔗糖酶　土壤蔗糖酶与土壤许多因子有相关性，如与土壤有机质、氮、磷含量，微生物数量及土壤呼吸强度有关，一般情况下，土壤肥力越高，蔗糖酶活性越高。化肥减量施用后，粉垄立式旋耕方式下，减施后的土壤蔗糖酶活性在拔节期增强，灌浆期则变化不明显；FL N_1、FL N_2、FL N_3、FL N_4、FL N_5 处理的在拔节期、灌浆期的土壤蔗糖酶活性分别为 471.24 mg/g、287.31 mg/g、326.93 mg/g、650.65 mg/g、37.14 mg/g 和 740.99 mg/g、737.43 mg/g、678.97 mg/g、643.75 mg/g、687.25 mg/g（图 8.6b、图 8.6d）。旋耕方式下，XG N_7、XG N_8、XG N_9 在拔节期酶活性下降，灌浆期，XG N_7、XG N_8 处理的酶活性则有所升高，XG N_6、XG N_7、XG N_8、XG N_9、XG N_{10} 处理在拔节期、灌浆期的蔗糖酶活性分别为 364.87 mg/g、110.08 mg/g、212.22 mg/g、160.01 mg/g、476.23 mg/g 和 787.44 mg/g、814.77 mg/g、811.32 mg/g、760.40 mg/g、771.11 mg/g。

化肥、农药同时减量施用后，粉垄立式旋耕方式下，灌浆期，减施 20%、30%氮肥后酶活升高，FL B_1、FL B_2、FL B_3、FL B_4、FL B_5 处理土壤脲酶活性分别为 603.37 mg/g、720.50 mg/g、675.87 mg/g、521.29 mg/g、630.70mg/g；旋

耕方式下，减施后酶活均升高，XG B$_6$、XG B$_7$、XG B$_8$、XG B$_9$、XG B$_{10}$处理耕层土壤脲酶活性分别为 666.92 mg/g、842.17 mg/g、840.67 mg/g、791.12 mg/g、823.44 mg/g（图 8.6a、图 8.6c）。

可见，化肥减量施用后，粉垄立式旋耕方式下，化肥减施处理的脲酶活性在返青拔节期酶活性增强，灌浆期酶活减弱；旋耕方式下，化肥减施处理的脲酶活性仅在小麦返青拔节期减弱。化肥农药同时减量施用后，粉垄立式旋耕方式下土壤脲酶活性在灌浆期呈增强的趋势；旋耕方式下，土壤脲酶活性呈减弱的趋势。无论是化肥单一减施，还是化肥农药同时减量施用，对土壤蔗糖酶影响不明显。

8.5.7 耕作方式、化肥农药减施与小麦综合经济效益

8.5.7.1 化肥减施

综合平均 2017—2018 年、2018—2019 年两个小麦季的产量及投入情况发现（表 8.6），氮肥单减时，立式旋耕方式下 FL N$_1$、FL N$_2$、FL N$_3$、FL N$_4$、FL N$_5$处理的总投入分别为 6 787.5 元/hm^2、8 960.1 元/hm^2、9 123.1 元/hm^2、9 286.1 元/hm^2、9 449.2 元/hm^2，纯收益分别为 8 158.7 元/hm^2、9 783.4 元/hm^2、11 754.2元/hm^2、10 786.8 元/hm^2、10 911元/hm^2，产投比分别为 2.20、2.11、2.30、2.17、2.16。与 FL N$_5$ 相比，减施氮肥后总投入均下降，减施 10%纯收益略有下降，减施 20%纯收益则增加，减施超过 30%，纯收益下降幅度较大。

旋耕方式下，XG N$_6$、XG N$_7$、XG N$_8$、XG N$_9$、XG N$_{10}$各处理两年投入均值分别为 9 074.2 元/hm^2、8 911.1 元/hm^2、8 748.1 元/hm^2、8 585.1 元/hm^2、6 412.5元/hm^2，年均纯收益分别为 11 321.3 元/hm^2、11 044.8 元/hm^2、12 368.5 元/hm^2、9 835.5 元/hm^2、5 735.3 元/hm^2，产投比分别为 2.26、2.25、2.42、2.16、1.91。与 XG N$_6$ 相比，减施氮肥总投入减少，仅有减施 20%的纯收益增加，减施 10%纯收益略有下降，减施 30%以上是纯收益明显下降。

8.5.7.2 化肥农药双减

化肥农药同时减量施用后，立式旋耕方式下，FL B$_1$、FL B$_2$、FL B$_3$、FL B$_4$、FL B$_5$各处理的总投入分别为6 262.5元/hm^2、8 435.1 元/hm^2、8 598.1 元/hm^2、8 761.1元/hm^2、8 924.2 元/hm^2，纯收益分别为 9 769.6 元/hm^2、12 409.2 元/hm^2、14 394.0元/hm^2、9 835.7 元/hm^2、11 209.4 元/hm^2，产投比分别为 2.56、2.49、2.69、2.13、2.26。与 FL B$_5$ 相比，减施处理总投入均下降，但是减施 20%、30%纯收入增加，产投比增加（表 8.6）。

表 8.6　不同耕作方式和氮肥、农药减施条件下综合经济效益比较

耕作方式	氮肥单减	产量（kg/hm²）	总投入（元/hm²）	纯收益（元/hm²）	产投比	肥药双减	产量（kg/hm²）	总投入（元/hm²）	纯收益（元/hm²）	产投比
FL	N_1	6 442.3	6 787.5	8 158.7	2.20	B_1	6 910.4	6 262.5	9 769.6	2.56
	N_2	8 079.1	8 960.1	9 783.4	2.11	B_2	8 984.6	8 435.1	12 409.2	2.49
	N_3	8 998.9	9 123.1	11 754.2	2.30	B_3	9 910.4	8 598.1	14 394.0	2.69
	N_4	8 652.1	9 286.1	10 786.8	2.17	B_4	8 015.9	8 761.1	9 835.7	2.13
	N_5	8 775.9	9 449.2	10 911.0	2.16	B_5	8 678.3	8 924.2	11 209.4	2.26
	平均	8 189.7	8 721.2	10 278.8	2.19	平均	8 499.9	8 196.2	11 523.5	2.43
XG	N_{10}	5 236.1	6 412.5	5 735.3	1.91	B_{10}	5 939.9	5 887.5	7 893.1	2.36
	N_9	7 939.9	8 585.1	9 835.5	2.16	B_9	8 430.0	8 060.1	11 497.6	2.44
	N_8	9 102.0	8 748.1	12 368.5	2.42	B_8	8 308.6	8 223.1	11 052.0	2.36
	N_7	8 601.7	8 911.1	11 044.8	2.25	B_7	8 526.2	8 386.1	11 394.5	2.37
	N_6	8 791.2	9 074.2	11 321.3	2.26	B_6	8 045.1	8 549.2	10 115.3	2.19
	平均	7 934.2	8 346.2	10 061.1	2.20	平均	7 849.9	7 821.2	10 390.5	2.34

旋耕方式下，XG B_6、XG B_7、XG B_8、XG B_9、XG B_{10} 各处理的总投入分别为 8 549.2 元/hm²、8 386.1 元/hm²、8 223.1 元/hm²、8 060.1 元/hm²、5 887.5 元/hm²，纯收益分别为 10 115.3 元/hm²、11 394.5 元/hm²、11 052 元/hm²、11 497.6 元/hm²、7 893.1 元/hm²，产投比分别为 2.19、2.37、2.36、2.44、2.36。与 XG B_6 相比，减施后总投入均下降，减施 10%、20%、30% 纯收益增加，产投比增加。

8.5.7.3　耕作方式之间效益比较

单一减施化肥下，立式旋耕方式两年的平均产量 8 189.7 kg/hm²、总投入 8 721.2 元/hm²、纯收益 10 278.8 元/hm²、产投比 2.19；旋耕方式两年的平均产量 7 934.2 kg/hm²、总投入 8 346.2 元/hm²、纯收益 10 061.1 元/hm²、产投比 2.20（表 8.6）。两种耕作方式相比，立式旋耕方式的总投入比常规旋耕多投入 375 元/hm²，其总产量、纯收益比常规旋耕增加 255.5 kg/hm²、217.7 元/hm²，产出投入比比常规旋耕方式略低，总的来看，立式旋耕方式的效果优于常规旋耕方式。

氮肥、农药同时减量施用时，立式旋耕方式两年的综合平均产量、总投入、纯收益、产投比分别为 8 499.9 kg/hm²、8 196.2 元/hm²、11 523.5 元/hm²、2.43，旋耕方式 2 年的综合平均产量、总投入、纯收益、产投比分别为 7 849.9

kg/hm²、7 821.2 元/hm²、10 390.5元/hm²和2.34。立式旋耕方式的总投入比常规旋耕多投入 375 元/hm²，其总产量、纯收益比常规旋耕增加 650.1 kg/hm²、1 133元/hm²，产出投入比比常规旋耕方式高 0.08。综合来看，立式旋耕在增加土壤耕层厚度的同时，又能调节土壤结构，改善土壤的性能，取得良好的经济效益，促进小麦生产可持续发展。

8.5.7.4 耕作方式之间环境影响比较

运用生命周期评价法对小麦季两种耕作模式下的能耗、全球变暖潜力、环境酸化、富营养化、人体毒性、水体毒性、土壤毒性等环境影响进行比较。由表8.7 可以看出，粉垄立式旋耕方式下的各项环境影响均小于旋耕模式，粉垄立式旋耕、旋耕方式的综合评价值分别为 0.1145、0.1334，粉垄立式旋耕模式对环境影响程度小于旋耕，是一种更为环保、绿色的耕作模式。

表 8.7 不同耕作方式下的环境影响评价

环境影响类型	粉垄立式旋耕（FL）	旋耕（XG）
能耗（MJ·y）	3 232.7833	3 706.1754
全球变暖潜力（kg CO$_2$·equiva^{-1}）	470.3293	542.4533
环境酸化（kg SO$_2$·equiva^{-1}）	13.9480	16.2869
富营养化（kg PO$_4$·equiva^{-1}）	4.0425	4.7240
人体毒性（1,4-DCB-equiva^{-1}）	0.5597	0.6540
水体毒性（1,4-DCB-equiva^{-1}）	0.4019	0.4697
土壤毒性（1,4-DCB-equiva^{-1}）	4.8626	5.6820
综合评价	0.1145	0.1334

8.5.8 粉垄立式旋耕机具评价

通过对立式深耕旋耕机生产试验，了解机具的技术性能稳定性、生产安全可靠性、关键零部件的耐久性及其生产能力，单位能耗的生产率等项指标是否达到设计要求，是否符合农业、农艺要求，有利于产品改进和提高产品质量性能。

课题组与协作单位河南豪丰农业装备有限公司按照《立式深耕旋耕机》（Q/HNZB 008—2019）规定进行了生产试验测定。由表8.8看出，在耕深为 40 cm时，使用东方红-1204 作为配套动力，立式旋耕机作业 20 m 长度的油耗分别为 3.29 L/亩、3.32 L/亩、3.31 L/亩，平均3.3 L/亩；耕深为 35 cm 时，耕作相同长度，油耗分别为 3.01 L/亩、2.88 L/亩、2.92 L/亩，平均值为 2.9 L/亩；在耕深为 27 cm 时，油耗分别为 2.23 L/亩、2.16 L/亩、2.22 L/亩，平均 2.2 L/亩；总的来看，随着耕作深度的变浅，油耗呈下降趋势。在做业所消耗的时间上也表现出相同的趋势，耕深在 40 cm、35 cm、27 cm 的平均用时分别为 27 s、22.4 s、19.8 s，不同耕深下的效率分别约 4.0 亩/h、4.9 亩/h、5.5 亩/h。

表 8.8　不同耕深下立式深耕旋耕机油耗测试汇总

	耕深 40 cm			耕深 35 cm			耕深 27 cm		
油耗（L/亩）	3.29	3.32	3.31	3.01	2.88	2.92	2.23	2.16	2.22
平均油耗（L/亩）	3.3			2.9			2.2		
用时（s）	27.3	26.8	26.9	22.4	22.6	22.3	20.2	19.4	19.8
平均用时（s）	27			22.4			19.8		

注：土壤类型为壤土，含水率 21%；测试区长 20 m；配套动力：东方红-1 204。

此外，通过生产试验，可以得出该机具有如下特点：具有作业一次土壤分层旋耕，不打乱原有土壤生、熟土层，深耕后不影响农作物生长等特点。作业质量满足土壤深耕的农艺要求，作业性能稳定可靠，油耗低，适应性广泛，运行平稳，噪音低，安全系数大，易于调整和操作，各项技术性能指标均满足设计和农艺要求，主要易损件开沟铲等耐磨性强，入土性能好，省工、省时、省力。

8.5.9　粉垄立式旋耕小麦化肥减施技术规程、培训、示范推广

根据以上 3 年的大量试验结果，构建了粉垄立式深旋耕的小麦化肥减施增效技术，并制订实施河南省地方标准 3 项：《小麦/玉米粉垄耕作栽培技术规程》与《立式旋耕整地技术规程》（附录 I、附录 J）；河南省企业标准 1 项，即《立式深耕旋耕机》。同时，获得河南省农科系统奖二等奖 1 项，国家科技成果 1 项。

课题实施期间召开技术培训会 3 次、田间观摩会、测产会各 1 次，总计 5 次（图 8.7-图 8.8）；河南日报省级媒体报道 2 次；累计培训农业从业技术人员 365 人次，建立示范基地 3 个，核心示范区面积 600 亩；作为基础共性技术与其他单项技术集成，应用辐射面积近 12 万亩，取得显著社会、经济效益。

8.5.10　本章小结

在河南遂平砂姜黑土开展 3 年田间试验，通过揭示立式旋耕与普通旋耕条件下化肥农药减施与小麦生理指标（叶片酶活性、叶片可溶性糖）关系，与小麦田间群体微环境（冠层温度、地表温度、群体 CO_2 浓度和土壤酶活性）关系，与小

图 8.7 粉垄立式旋耕化肥减施技术培训及现场观摩

麦产量、产量性状及小麦籽粒品质的关系，与小麦养分利用率的关系，结合经济效益、环境影响及旋耕机具性能评价，全方位评价了粉垄立式深旋耕技术在小麦种植中的减施效果，构建了粉垄立式深旋耕小麦化肥减施技术。总体上，在现有施肥、施药水平下，不论化肥单减还是肥药双减，都不会影响小麦产量，同时小麦氮肥农学利用率及氮肥偏生产力提高。

（1）耕作方式、化肥单减或肥药双减（减氮 20%、减药 1 次）对群体微环境（麦田冠温、地温、CO_2 浓度）、对小麦叶片酶活性、土壤酶活性以及对小麦籽粒品质的影响均不显著。

（2）在氮肥减施 20% 的条件下，粉垄立式旋耕小麦平均增产 2.6%、农学利用率提高 13.4%~32.1%（平均 22.8%）、氮肥偏生产力提高 27.1%~28.8%（平均 28.0%），普通旋耕的小麦增产 1.1%~6.0%（平均 3.6%）、农学利用率提高 28.1%~43.0%、氮肥偏生产力提高 26.2%~32.0%（平均 29.1%）。

（3）在肥药双减（减氮 20%、减药 1 次）条件下，粉垄立式旋耕小麦产量增

图 8.8　粉垄立式旋耕化肥减施技术被《河南日报》宣传

加 9.3%~18.2%（平均 13.8%）、氮肥农学利用率提高 42.2%~105.3%、氮肥偏生产力提高 32.9%~60.3%（平均 46.6%），普通旋耕的小麦平均增产 2.4%、氮肥农学利用率提高 29%~50.3%、氮肥偏生产力提高 26%~31.5%（平均 28.8%）。

（4）尽管粉垄立式旋耕总投入比常规旋耕高 375 元/hm²，但其总产量、纯收益较之增加 650.1 kg/hm²、1 133 元/hm²，产投比高 0.08。此外，进一步运用生命周期法进行综合评价，粉垄立式旋耕（0.1145）对环境影响程度小于常规旋耕（0.1334），是一种更为环保、绿色的耕作模式。

第 9 章　小麦化肥减施共性技术集成与示范

在梳理单项减施技术的基础上，2019—2020 年开展了共性技术集成研究，以期更好地解决当前农业生产中化肥投入过量问题。集成技术均以粉垄立式深旋耕减施技术为基础。

9.1　粉垄立式深旋耕+有机肥替代技术集成

技术模式 1 为粉垄立式深旋耕+有机肥替代技术集成，具体集成方法是：玉米机械化收获后，用秸秆粉碎还田机粉碎灭茬还田 2 遍；直接用立式旋耕机深旋耕作业 1 遍，粉垄土壤耕层深度为 20~40 cm，然后用旋耕机轻度（入土 5~10 cm）旋耕平整 1 遍；鸡粪有机肥替代技术的施肥总量 N 240 kg/hm²，P_2O_5 105 kg/hm²，K_2O 105 kg/hm²，磷肥钾肥以底肥施入；氮肥化肥是 N 84 kg/hm²，有机肥 N 36 kg/hm²，底肥施入；拔节期追肥 N 120 kg/hm²，尿素追施。其中，具体为腐熟干鸡粪 180 kg/亩，尿素 6 kg/亩，磷酸二铵 16 kg/亩，硫酸钾 12 kg/亩，底肥施入。

9.2　粉垄立式深旋耕+新型缓控释肥+养分高效品种集成

同样以立式深旋耕作技术为基础，配合新型缓控释一次性施肥技术及小麦养分高效品种，对 3 种减施技术进行集成，具体集成方法是：玉米机械化收获后，用秸秆粉碎还田机粉碎灭茬还田 2 遍；直接用立式旋耕机深旋耕作业 1 遍，粉垄土壤耕层深度为 20~40 cm，然后用旋耕机轻度（入土 5~10 cm）旋耕平整 1 遍；缓控释薄膜配方肥技术：小麦控释专用肥，配方为 29（N）∶10（P_2O_5）∶10（K_2O）（内含 40% 控氮），施用量 55kg/亩，翻地前均匀撒施或机抛撒，小麦整个生育期不再追肥；氮养分高效品种：通过大群体筛选和大数据分析，筛选出适宜黄淮海的养分高效品种周麦 27、许农 7 号等。

9.3 集成技术示范效果

对两种共性技术集成模式在河南省遂平县进行推广示范,核心区示范面积各为 100 亩。

2020 年 5 月 10 日,组织河南省农业厅、河南农业科学院、遂平县农业科学试验站等单位的有关专家对 2 种集成模式进行了现场测产 (图 9.1)。结果表明,集成模式 1 的 3 点平均测产结果为平均亩穗数 35.93 万穗,平均穗粒数 34.07 粒,千粒重按常年 42.6 g,折算系数 0.85,折合产量达 443.2 kg/亩;较非示范区平均产量 397.0 kg/亩增产 46.2 kg/亩,增幅 11.6%。集成模式 2 的 3 点平均测产结果为平均亩穗数 31.05 万穗,平均穗粒数 40.33 粒,折合产量达 453.5 kg/亩,较非示范区平均产量增幅 14.2%。集成的两套共性技术实现了化肥减施 20%、增产 3%~5%的目标任务。

通过技术示范,累计辐射遂平县农业科学试验站本部基地及乡镇区域周边近 12 万亩耕地。累计新增粮食约 616.2 万 kg。按小麦价格 2.30 元/kg (2019 年小麦收购价计算),实现新增效益 1 417.26 万元。

图 9.1 小麦化肥减施共性技术集成测产报告

第10章　总体结论与展望

10.1　小麦化肥减施增效研究结论

在黄淮海地区的北京、天津、河北、山东、河南、陕西等多地3年的小麦化肥减施大田试验研究，得到以下主要结论。

（1）通过综合分析437个高遗传多样性小麦材料的养分效率评价指标变异规律，建立了养分高效小麦品种的鉴定指标体系；氮肥偏生产力、氮籽粒利用效率、氮肥农学效率、氮肥回收效率较高的小麦品种能够在不减产的情况下大幅节省氮肥投入，其中以氮肥偏生产力和农学效率高效的品种减肥程度最大，因此这两个指标也可作为筛选节肥小麦品种的重要依据；筛选出适宜在黄淮海麦区种植的养分高效品种16个（国审或省审）、其他养分高效育种材料3个；评价了品种+配方模式的化肥减施效果，该模式在减施20%的前提下，可实现小麦增产10%以上，氮、磷、钾肥利用率分别提高40%～41.1%、39.8%～41%、24%～25.4%，经济效益提高5%以上。

（2）开发出价廉质高的植物油包膜材料及腐植酸增效剂　探明了膜厚度、膜材组合等膜材微观结构及种类对释放率的影响；在此基础上开发出植物油液相和固液两相成膜技术，解决了植物油难以固化成膜难题；采用氧化、碱化、磺化三种方法，探索黄腐酸提取技术，筛选出高活性黄腐酸的原料5种，并评价其物理性能及生理活性。

（3）开发出双增双控植物油包膜控释肥产品　在传统控释肥基础上，利用腐植酸先增效，再进行植物油包膜，开发出增效植物油包膜控释肥产品，该产品在功能性、控释性能方面优势显著，控释粒子和复合肥全部添加了微量元素和增效剂，实现了双向互补增效，大幅提高了肥效。

（4）对研发的新型缓控肥产品进行评价，取得肥料登记证　以硝基肥作为速效肥，植物油包膜控释肥作为缓释肥，结合土壤及小麦养分供需特性，研发出缓释掺混肥产品；验证了产品在潮土、棕壤土的使用效果，明确了不同控释肥品种、不同控释肥掺混比例、不同控释肥用量对小麦产量及其构成要素的影响，为产品轻简化应用提供了有效支撑。

（5）所研制的环境友好型植物油包膜控释肥料，课题执行期间累计销售 11.6 万 t，实现新增销售收入 29 146.31 万元，利税 3 428.04 万元。2018—2019 年小麦季分别在河北、河南、山东、安徽等近 10 个地点进行示范推广，总计示范面积 91 亩，辐射推广面积 30.099 万亩。与农民习惯相比较，小麦平均增产 5.51%、亩增收 70.25 元，实现总增收 2 100 万元。

（6）建立了以控释肥为基础的冬小麦减施增效免追肥技术模式　小麦播种前一次基施 50 kg/亩的释放期为 60 d 的包膜控释尿素，其配方 N-P-K 为 25-14-12（内含 40% 控 N），控释尿素的包膜率是 8.32%，含氮量是 42.2%，其他管理措施同农民习惯施肥。该技术应用后，实现小麦增产 2.6%~7.8%，经济效益增加 1 013.6~1 250.9 元/hm^2，氮素利用率增加 2.7%~24.4%，土壤中铵态氮和硝态氮的累积降低了 36%~36.5%。在北京房山及河北省三河市 3 年累计示范推广 7 万亩，辐射 14 万亩，节省人工 20 元/亩以上，共计节省人工 300 万元，取得明显的经济及生态效益。

（7）在查清黄淮区冬小麦施肥量、施肥结构和施肥方式等现状情况的基础上，利用元数据和网络信息技术，依据养分总量控制原则构建小麦精准施肥推荐系统；系统对处方数据进行融合和提取，结合元数据和空间插值技术，对处方图数据进行了标准化处理，使精准施肥脱离了 GIS 平台的限制，实现了处方数据的多系统与多源共享；精准灌溉施肥设备与施肥推荐系统相结合，在氮肥减少 17% 的情况下，成本投入降低 103.1 元/亩、增收 97.14 元/亩，实现节本增收 277.74 元，3 年累计增加农民收益 66.08 万元；同时，小麦产量增加 1%、氮肥利用率提高 8%、耕层以下土壤氮素负荷削减 67.5%、麦田土壤微生物量增加 16%，降低了化肥过量导致的面源污染风险，增进了土壤质量。

（8）明确了化肥有机替代类型、替代比例对小麦产量、氮肥农学利用效率、氮肥利用率、经济效益等关键要素的影响，构建了冬小麦化肥减施有机替代技术：氮肥施用量在 225~240 kg/hm^2、基追比 1∶1，底施磷肥（P$_2$O$_5$）和钾肥（K$_2$O）105 kg/hm^2、105 kg/hm^2，施用鸡粪有机肥替代 30% 氮肥（CHM30），可实现小麦增产 2%~16%（平均 7.5%）、氮肥利用率提高 16%；该技术对环境友好，可显著降低温室气体排放。玉米秸秆全量还田条件下，氮肥（N）用量 240kg/hm^2、减施 20%、基追比 6∶4，可实现小麦平均增产 5.13%、氮肥利用率提高 12.4%。

（9）在全方位揭示立式旋耕条件下化肥农药减施与小麦生理指标、小麦田间群体微环境、小麦产量及其性状、小麦籽粒品质、养分利用率等关系，结合经济效益、基于生命周期环境影响、旋耕机具性能评价等，构建了粉垄立式深旋耕小麦化肥减施技术。在减氮 20% 的条件下，该技术可以实现小麦增产 2.6%～13.8%、氮肥农学利用率提高 22.8%～42.2%、氮肥偏生产力提高 28.0%～46.6%，产投比提高 0.08，经生命周期法综合评价，是比常规耕作更为绿色环保的一种技术模式。

（10）以粉垄立式深旋耕为共性技术，提出"粉垄立式深旋耕+有机肥替代"及"粉垄立式深旋耕+新型缓控释肥+养分高效品种"两项集成技术，示范推广后取得明显社会及经济效益。

（11）在黄淮海目前的施肥水平下，通过使用本课题的各项共性技术，小麦连续减施 3 年、玉米施肥量保持不变，减施量 20% 以内不影响小麦产量，而且小麦氮肥农学利用率及氮肥偏生产力提高。

10.2　冬小麦化肥减施增效研究创新点

（1）构建了麦田立式旋耕关键技术　通过揭示立式旋耕与小麦生理、麦田间群体微环境、小麦产量与产量性状及品质、养分利用率关系，结合经济效益、环境效益、机具性能等分析，全方位评价了立式旋耕的减施效果，构建了麦田立式旋耕关键技术，解决了由于多年旋耕导致土壤耕层变浅及过量施肥等制约小麦生产的系列突出问题；研发了立式旋耕机钻轴、刀片及立式深旋耕机具和立式旋耕技术，立式旋耕构建的土层深度可达 50 cm，构建小麦季农田的适宜超深耕层为 30±5 cm，比犁翻耕、旋耕分别增加了 5～12 cm、14～18 cm，同时，不扰乱现有土层顺序，提高了土壤蓄积肥水能力，且后效持续时间长。整地耕深、耕深稳定性、耕后平整度、植被覆盖率、碎土率分别为 29 cm、90%、4 cm、85%、85%，均高于国标。

该技术突破了现有犁翻耕、旋耕整地方式的思维，创造性地实现了不扰乱土层的立式旋耕方法；又克服了同类技术的购买成本高、机具动力一体单一应用、地区推广难度大的问题。相关成果获得河南省农科系统一等奖 1 项、国家科技成果奖 1 项；获得国家发明专利 1 项、实用新型专利 1 项；制定颁布实施地方标准 2 项，企业标准 1 项；发表 12 篇相关论文，出版 3 部专著；技术示范推广面积 12 万亩、增产 616.2 万 kg、增收 992.08 万元。初步实现机具、技术研发到产业化应用的有机衔接，为大规模应用提供了支撑。

（2）系统阐述了小麦氮高效利用的分子及微生物学机理　在养分高效小麦品种方面，通过大数据分析，发现分属 5 个大类的 86 个基因对于提高小麦氮效率具有重要作用。其中，转运蛋白类基因在提高小麦产量、氮吸收效率和氮肥偏生产力方面的作用最为突出；通过基因家族分析，进一步发现小麦基因组内存在 377 个可能编码硝态氮转运蛋白（NRT）的基因，并且发现 NRT 基因的自然变异对于小麦氮效率具有显著影响。这些发现是对迄今为止有关分子生物学途径提高作物氮效率的系统总结，为氮高效小麦的分子育种提供了方向性理论指导。此外，土壤有益微生物对小麦氮效率具有重要影响。通过转录组分析，首次系统阐述了土壤有益微生物（丛枝菌根真菌）提高小麦氮吸收的分子机理，发现真菌与小麦根系互作过程中产生的化学信号物质能够显著改变小麦根系 2000 多个基因表达水平；真菌与小麦形成共生体系后可以激活小麦根内 7000 多个基因的表达，其中包括大量与小麦抗生物和非生物胁迫相关的基因，这表明真菌共生体提高小麦氮效率的机理不仅仅是通过养分供给，更重要的是激活了小麦体内的抗性基因，使小麦更好地适应养分胁迫环境，这个发现开拓了人们关于土壤有益微生物影响小麦氮效率机理的认识，为充分挖掘土壤生物肥力来提高小麦肥料效率提供了理论支持。相关结果分别在 SCI 收录期刊 *Scientific Reports*、*Annals of Botany*、*Mycorrhiza* 发表。

（3）构建了小麦养分效率基因型变异数据库，初步建立了养分高效小麦评价指标体系　第一次绿色革命以来，小麦育种过程中重点关注株高、产量、品种以及抗逆性等性状，而对于养分吸收利用性状关注极少，这是造成目前我国主栽小麦品种养分利用效率普遍不高的重要原因之一。小麦产量的提升主要依靠大量化肥的投入，造成了巨大的资源、能源浪费以及潜在的环境风险。小麦育种对养分吸收利用性状的忽略重要原因是目前对作物养分吸收利用效率的评价体系过于复杂，对各种养分效率评价指标之间的内在联系缺乏足够的认识，这使得育种家们面对如此繁多的养分效率评价指标无所适从。本课题实施以来，对小麦多达 44 个养分效率评价指标进行了全面调查和系统分析，建立了包含 15.38 万个数据的大规模养分效率数据库，初步构建了小麦养分效率的评价指标体系，这为养分高效小麦的筛选和培育提供了重要的科学依据。相关成果论文 "A multi-environmental evaluation of N, P and K use efficiency of a large wheat diversity panel" 已投到 SCI 期刊 *field Crops Research*，正在审稿中。

（4）研发出融合植物油包膜、腐植酸增效剂等多项技术的新型控释肥产品　从筛选价廉质高的植物油包膜材料入手，在探明膜厚度、膜材组合等膜材结构及种类对释放率影响机理的基础上，开发出植物油液相"梯度反应"和固液两相"可控固化"成膜技术，明确并改善了植物油热交联固化成膜特性，解决了植物油难以固化成膜的难题。其次，基于黄腐酸具有可抑制土壤脲酶活性、抑制硝化、提高氮肥利用率等功能，开展黄腐酸增效剂研究。从煤炭丰产区筛选出高活性黄腐酸的原料 5 种。采用氧化、碱化、磺化 3 种方法，开展具有多功能团、分子量小的高活性黄腐酸的提取技术探索，从物理性能（提取率、抗酸性）及生理活性（促生、抗逆）两大方面、多个指标验证评价了产品性能。发现磺化法制备的腐植酸增效剂在腐植酸含量、抗酸性能方面优于碱化法与氧化法。再次，在传统控释肥基础上，利用腐植酸增效剂先增效再进行植物油包膜，开发出双增双控技术及新型控释肥产品。该产品融合了本课题研发的多项技术，而且控释粒子和复合肥全部添加了微量元素和增效剂，实现了双向互补增效；同时，营养元素和增效剂同步控制释放，使控释更"精准"，大幅提高了肥效，在功能性、控释性能方面优势显著。最后，通过田间试验，结合小麦养分动态需求及不同土壤养分供给特性，从小麦产量、养分利用效率等方面，明确了小麦对各种大中微量元素的需求量及比例，据此提出施肥配方，并以硝基肥作为速效肥，植物油包膜控释肥作为缓释肥，研发出缓释掺混肥产品。

所研制的环境友好型植物油包膜控释肥料，课题执行期间累计销售 11.6 万 t，实现新增销售收入 29 146.31 万元，利税 3 428.04 万元。2018—2019 年小麦季在河北、河南、山东、安徽等近 10 个地点进行示范推广，总计示范面积 91 亩，辐射推广面积 30.099 万亩。与农民习惯相比，小麦平均增产 5.51%、亩增收 70.25元，总增收 2 100 万元，取得明显的生态及经济效益，为实现小麦优势产区化肥减施增效提供了坚实的产品及技术支撑。

10.3 冬小麦化肥减施增效研究展望

尽管相关研究的冬小麦化肥减施增效共性技术取得了较多有价值的成果，但以下问题今后需要加强。

（1）养分高效小麦评价指标体系需进一步完善 通过研究获得了大规模小麦养分效率数据库，为制订和完善养分高效小麦评价指标体系提供了坚实基础。然而，现有制订的养分高效小麦评价指标体系还需进一步完善。首先，养分效率高低与土壤肥力和施肥管理有很大关系，目前尚缺乏具有统一标准的养分高效小麦品种的鉴定平台；其次，养分效率高低是相对而言的，在养分高效小麦评价和鉴定过程中需要设置对照品种，而对照品种的筛选尚无统一标准。

（2）加强黄淮海小麦化肥农药减施潜力评价及对策研究　虽然自国家"十五"规划开始，就研究、推荐小麦优化施肥，但近年农户调查发现，农民施肥水平依然很高，有的甚至远高于模型推荐的优化施肥量。由于调查地点有限，尚不清楚这是局部地区的个别现象还是黄淮区存在的普遍现象，亦成是固有的区域差异，还是化肥施用的真正过量。因此，尽管目前专家学者对该区化肥施用过量达成共识，但究竟过量到的程度还不十分清楚。针对黄淮海冬麦区复杂的社会、经济、自然地理及气候条件的差异，应加强不同分区施肥现状水平的调查研究，明确化肥农药减施潜力，为今后小麦双减国家战略提供决策依据。

（3）基于动态（或4R）养分管理的冬小麦减施技术评价研究　本书提到的减施技术主要针对氮肥减施，对其他养分及养分平衡考虑不足，因此仍有较大改进空间。冬小麦生产过程是一个极其复杂的系统。就养分需求而言，除土壤养分，还需要考虑土壤以外其他来源的养分，例如有机肥、秸秆还田、大气沉降和降水等带入的养分，因此，需要上升到整个作物轮作体系来考虑。对这样一个复杂的大系统，传统的单一养分减施技术难以满足现代小麦生产的需求。动态（或4R）养分管理技术聚焦各种农业措施组合对生产系统效率的整体影响，能实现真正意义上的多因素协同效应。因此，建议今后在减施技术的评价中，把4R养分管理技术纳入减施研究的重要内容。

（4）加强长期秸秆还田条件下小麦减施技术研究　我国自大力推广秸秆还田以来，小麦田的物质循环发生很大改变，循环过程加快。但长期秸秆还田条件下小麦田各类养分究竟发生哪些改变，具有新的特征、长期秸秆还田与小麦化肥减施的关联、长期秸秆还田是否与减施潜力相关，对这些问题仍缺乏系统研究，今后需要加强。

附　录

附表 1　课题所用小麦品种材料清单

中文名称	中文名称	中文名称	中文名称
怀川 916	漯麦 4 号	冀 5265	矮丰 3 号
济宁 13	皖麦 50	川麦 104	济麦 19 号
师栾 02-1	西科麦 6 号	扬麦 158	川麦 42
西农 889	开麦 21	豫麦 48	皖麦 19
早洋麦	绵阳 11	豫麦 2 号	中育 12
项麦 969	国麦 0319	陕麦 139	轮选 987
绵阳 31 号	绵麦 37	西农 528	川麦 36
许科 1 号	冀麦 38 新系	运旱 618	安 0817
濮麦 9 号	中育 10 号	中麦 9 号	西科麦 2 号
许农 7 号	冀麦 24	Norin10	繁 6
郑麦 7698	鲁麦 7 号	中育 9398	北京 0045
山农 14	新福麦 1 号	西农 88	徐州 24
皖麦 33	偃展 1 号	焦麦 266	平安 8 号
周麦 12	石-4185	石家庄 8 号	川麦 107
豫麦 21	豫麦 19	陕麦 159	华麦 5 号
矮抗 58	津丰 1 号	郑州 891	闫麦 8911
泛麦 8 号	汝麦 0319	洛旱 11 号	鲁麦 11 号
小偃 4 号	西农 364	陕 229	西农 1043
烟农 0428	淮麦 4046	石优 20	Ciano
汶农六号	内江 31	石麦 15	邯麦 15
新麦 16	庆丰 1 号	郑引 1 号	淮麦 304
Dromedaris	黑马 1 号	郑麦 9405	Attila
温麦 6 号	潍麦 6 号	周 8425B	许研 5 号
内麦 836	中洛 08-1	中优 206	鲁原 301

中文名称	中文名称	中文名称	中文名称
山农 116	长丰 4 号	万丰 269	镇麦 6 号
西农 979	豫教 5 号	平安 6 号	西风
宁麦 9	咸农 39	洛旱 2 号	晋麦 31
淄麦 12 号	鄂西 84-1031	苏麦 6 号	宁春 13
洛麦 23	郑州 8960	石麦 18	漯麦 18
中麦 895	西农 658	山农 20	运旱 22-33
洛麦 26	豫麦 54	中新 78	阿勃
鑫麦 8 号	藁优 2018	太学 12	陕优 225
藁城 9411	郑农 17	莱州 953	山农 45
鲁原 502	小偃 81	烟农 19 号	京双 16
西农 509	红麦	太空 6 号	洛麦 22
科农 199	郑麦 9023	丰德存麦 1 号	衡 4399
西农 9871	皖麦 68	淮麦 1196	烟农 5158
泰山 21	新麦 9 号	青农 2 号	小偃 22
国麦 301	众麦 99	泰农 18	旱优 504
豫麦 47	渝麦 13	襄麦 25	农大 211
临麦 2 号	菏麦 17	益科麦 1506	济麦 45
豫麦 58	京 411	内乡 185	紫麦
衡观 35	矮孟牛 IV	郑麦 1860	小黑麦
内麦 11	烟农 999	良星 77	瑞华 549
周麦 16	良星 99	陕农 253	郑引 4 号
绵阳 26	许科 718	新麦 26	京核 90 鉴 15
泰山 23	935106	中农麦 4008	瑞华麦 520
中麦 415	烟农 22 号	淮麦 25	百农 791
漯麦 906	咸农 151	中麦 578	矮孟牛 V
黑宝	邯 6172	扬麦 18	冀麦 20
苏麦 188	中麦 175	兴资 9104	邯 4564
科信 9 号	临麦 4 号	山农 12 号	西安 8 号
中焦 2 号	山农 15	宿 553	新冬 20
中洛 08-2	Knteh	郑麦 151	平麦 02-16
洛旱 1 号	聊麦 16 号	瑞华麦 518	辉县红
雅安早	衡 6632	淮麦 22	临抗 11

（续表）

中文名称	中文名称	中文名称	中文名称
灰毛阿夫	农大 36	鄂麦 580	百农 3217
Karawan-1	Pusa 6	小偃 6 号	运旱 805
泰山 1 号	Napo 63	矮粒多	济麦 43
淮麦 20	平阳 181	小红麦	宁麦 15
Bodallin	碧蚂 4 号	中国春	宁糯麦 1 号
洛旱 8 号	青春 5 号	白油麦	西农 928
济麦 3 号	晋麦 2148	Colotana（PI 214392）	鲁麦 14
平原 50	新春 2 号	苏麦 3 号	Suneca（PI 483054）
超大穗	胡须麦	丰产 3 号	鲁麦 3 号
西农 1376	阳光 851	红袖子	云麦 56
京农 79-13	南大 2419	Glenlea（CItr 17272）	核生二号
镇麦 168	Tinamou-2	白麦子	京冬 22
普冰 202	鄂恩 1 号	铭贤 169	济麦 60
Avocet	Reeves	Krac 66	晋麦 47
泰山 4 号	Fothand	宛原-66	Ghabagheb(PI 182703)
Secese	Mouka-4*2/4	钱交麦	蓝粒
Filin	Viginta（AUS-23763）	SENMARQ	长麦 251
Hyden	吉春 1016	东方红 3 号	长武 521
宝农 8865-15-25	陇春 8 号	小白芒	洛旱 9 号
Freedom	Sunelg（PI 495819）	博爱 7023	OPATA（PI 591776）
水原 86	北京 8 号	白蚰包	长 6878
Fielder	冀麦 6 号	济南 16	石家庄 54
冀麦 32	旱选 3 号	晋麦 30	晋麦 54
科红 1 号	山前麦	火燎麦	Mexifen（AUS 15978）
Kauź Ś/	泡子麦	芒麦	长旱 58
川育 6 号	SUNSET（PI 41074）	无须麦	济南 17
Penawa	BARBELA GROSSO	黄瓜先	绵阳 20
Hartog	合作 4 号	松花江 1 号	偃师 4 号
运旱 20410	信阳 12	四方麦	蝼蛄腚
北京 10 号	贵协 3 号	府麦	川麦 8 号
Dagmar	济南 2 号	霉前五	AC Foremost
Matylda	鲫鱼麦	蚂蚱麦	尧麦 16

（续表）

中文名称	中文名称	中文名称	中文名称
AC vista	曹选 5 号	Flanders（PI 174631）	邢麦 1 号
京 771	五一麦	Banquet（PI 668182）	烟农 836
Bodycek	康定小麦	Bohemia（PI 668204）	洛旱 13 号
有芒红 7 号	红壳有芒	Kosutka（AUS 22846）	中优 9507
Siete Cerros 66	济南 9 号	六柱头	豫麦 15
Banks	Zemamra-5	疙绉麦	豫麦 70
Magong	Amazon	寮雅折达 29	浙麦 1 号
三月黄	RIETI（PI 56200）	鱼鳅麦	山农 205
旱选 10 号	华北 187	川麦 22	鄂麦 6 号
白小麦	鲁麦 21	烟农 15	晋麦 92
Gabo	西农 6028	郑州 17	Hubara-5/Angi-1
长武 134	白蒲	济 954072	衡 136
AUSTRAL	渭麦 4 号	运旱 719	淮麦 18
92R137	陕农 9 号	济南 8 号	Munia
高原 602	秃芒麦	坨坨麦	丰抗 8 号
毛颖阿夫	西北 60	紫皮	Hindi（PI 66057）
山麦	Fife	Penny（PI 42116）	Gaboto
扬麦 1 号	农大 183	徐州 8 号	鲁麦 12
Orofen（CItr 14038）	白火麦	江东门	荆州 66
红芒蚰子麦	白花麦	冀麦 1 号	高优 503
Safi-1/Zemamra-1	西北 612	晋麦 90	济南 13
红和尚头			

附表 2　冬小麦养分效率指标间的相关性

p1	p2	2019 洛阳	2020 洛阳	2019 南阳	2020 南阳	2019 宿迁	2020 宿迁	2019 杨陵	2020 杨陵
GKC	GKUE	-0.318 **	-0.089	-0.152 **	-0.285 **	0.021	-0.358 **	-0.343 **	-0.166 **
GKC	GLDW	0.066	0.036	-0.023	.187 **	-0.071	.110 *	0.022	0.046
GKC	GLKC	0.337 **	0.290 **	0.031	0.229 **	0.106 *	0.458 **	0.416 **	0.155 **
GKC	GLKU	0.269 **	0.116 **	0.009	0.269 **	0.054	0.328 **	0.198 **	0.166 **
GKC	GLNU	0.124 **	0.121 **	-0.014	0.323 **	-0.104 *	0.250 **	0.169 **	0.120 **
GKC	GLPU	0.166 **	0.127 **	-0.008	0.375 **	-0.154 **	0.259 **	0.234 **	0.150 **
GKC	GNUE	-0.462 **	-0.263 **	-0.041	-0.264 **	0.021	-0.227 **	-0.461 **	-0.418 **

（续表）

p1	p2	2019 洛阳	2020 洛阳	2019 南阳	2020 南阳	2019 宿迁	2020 宿迁	2019 杨陵	2020 杨陵
GKC	GPUE	−0.454 **	−0.294 **	−0.075	−0.546 **	−0.132 **	−0.529 **	−0.569 **	−0.481 **
GKC	HI	0.059	−0.086	0.041	−0.202 **	0.188 **	−0.039	−0.228 **	−0.042
GKC	KHI	0.146 **	0.147 **	0.608 **	0.138 **	0.313 **	0.006	0.04	0.363 **
GKC	KUpE	0.289 **	0.144 **	0.261 **	0.014	−0.055	0.219 **	0.099 *	0.166 **
GKC	KY	0.503 **	0.634 **	0.943 **	0.278 **	0.155 **	0.236 **	0.113 *	0.489 **
GKC	NHI	0.285 **	−0.095 *	0.06	−0.466 **	0.043	−0.159 **	−0.098 *	0.187 **
GKC	NUpE	0.254 **	0.084	−0.02	0.142 **	−0.121 **	0.115 *	0.087	0.209 **
GKC	NY	0.255 **	0.014	−0.011	−0.059	−0.096 *	−0.018	−0.076	0.217 **
GKC	PHI	0.263 **	−0.048	0.044	−0.472 **	0.056	−0.286 **	−0.095 *	0.120 **
GKC	PUpE	0.322 **	0.097 *	0.029	0.271 **	−0.066	0.153 **	0.06	0.243 **
GKC	PY	0.312 **	0.063	0.04	0.101 *	−0.037	0.217 **	0.167 **	0.062
GKC	SDW	0.049	0.036	−0.048	0.100 *	−0.189 **	0	−0.038	0.076
GKC	SKUE	−0.354 **	−0.129 **	−0.163 **	−0.301 **	−0.119 **	−0.419 **	−0.337 **	−0.190 **
GKC	SNUE	−0.489 **	−0.201 **	−0.059	−0.127 **	−0.317 **	−0.072	−0.534 **	−0.455 **
GKC	SPUE	−0.462 **	−0.191 **	−0.09	−0.431 **	−0.419 **	−0.256 **	−0.476 **	−0.458 **
GKC	STDW	−0.02	0.072	−0.057	0.096 *	−0.229 **	0.001	0.031	0.085
GKC	STKC	0.331 **	0.064	0.039	−0.05	0.084	0.311 **	0.163 **	0.06
GKC	STKU	0.213 **	0.085	−0.013	−0.019	−0.073	0.154 **	0.061	0.086
GKC	STNU	0.131 **	0.169 **	−0.046	0.334 **	−0.104 *	0.198 **	0.144 **	0.07
GKC	STPU	0.191 **	0.117 **	−0.005	0.378 **	−0.053	0.049	−0.04	0.243 **
GKUE	KUpE	−0.630 **	−0.272 **	−0.656 **	−0.276 **	−0.404 **	−0.368 **	−0.442 **	−0.540 **
GKUE	SKUE	0.928 **	0.935 **	0.891 **	0.764 **	0.871 **	0.879 **	0.814 **	0.835 **
GLDW	GKUE	−0.156 **	−0.151 **	−0.281 **	−0.240 **	−0.05	−0.180 **	−0.233 **	−0.183 **
GLDW	GLKU	0.622 **	0.919 **	0.697 **	0.900 **	0.502 **	0.805 **	0.898 **	0.749 **
GLDW	GLNU	0.805 **	0.828 **	0.735 **	0.779 **	0.798 **	0.826 **	0.871 **	0.755 **
GLDW	GLPU	0.670 **	0.768 **	0.448 **	0.696 **	0.669 **	0.751 **	0.744 **	0.663 **
GLDW	GNUE	−0.055	−0.249 **	0.077	−0.117 **	−0.028	−0.145 **	−0.233 **	−0.109 *
GLDW	GPUE	−0.055	−0.194 **	0.075	−0.222 **	−0.004	−0.308 **	−0.081	−0.126 **
GLDW	HI	−0.106 *	−0.393 **	−0.127 **	−0.318 **	−0.071	0.158 **	−0.355 **	−0.232 **
GLDW	KHI	−0.126 **	−0.167 **	−0.216 **	−0.159 **	−0.07	−0.162 **	−0.233 **	−0.133 **

（续表）

p1	p2	2019 洛阳	2020 洛阳	2019 南阳	2020 南阳	2019 宿迁	2020 宿迁	2019 杨陵	2020 杨陵
GLDW	KUpE	0.624 **	0.770 **	0.592 **	0.274 **	0.484 **	0.695 **	0.809 **	0.682 **
GLDW	KY	0.446 **	0.343 **	0.200 **	0.539 **	0.761 **	0.510 **	0.393 **	0.409 **
GLDW	NHI	-0.068	-0.462 **	-0.239 **	-0.276 **	-0.247 **	-0.198 **	-0.311 **	-0.275 **
GLDW	NUpE	0.662 **	0.581 **	0.665 **	0.698 **	0.817 **	0.709 **	0.790 **	0.613 **
GLDW	NY	0.462 **	0.410 **	0.591 **	0.490 **	0.761 **	0.499 **	0.385 **	0.463 **
GLDW	PHI	-0.077	-0.476 **	-0.234 **	-0.271 **	-0.246 **	-0.448 **	-0.312 **	-0.268 **
GLDW	PUpE	0.628 **	0.523 **	0.606 **	0.668 **	0.813 **	0.664 **	0.578 **	0.561 **
GLDW	PY	0.447 **	0.398 **	0.555 **	0.525 **	0.778 **	0.552 **	0.536 **	0.405 **
GLDW	SDW	0.764 **	0.753 **	0.802 **	0.832 **	0.847 **	0.811 **	0.829 **	0.812 **
GLDW	SKUE	-0.128 **	-0.093 *	-0.238 **	-0.042	-0.02	-0.079	-0.082	-0.093 *
GLDW	SNUE	-0.025	0.295 **	0.152 **	0.397 **	0.072	0.162 **	0.046	0.151 **
GLDW	SPUE	-0.042	0.389 **	0.121 **	0.128 **	0.08	0.280 **	0.189 **	0.145 **
GLDW	STKU	0.573 **	0.667 **	0.488 **	0.190 **	0.415 **	0.646 **	0.742 **	0.624 **
GLDW	STNU	0.363 **	0.573 **	0.456 **	0.506 **	0.598 **	0.618 **	0.660 **	0.490 **
GLDW	STPU	0.319 **	0.460 **	0.320 **	0.440 **	0.522 **	0.496 **	0.378 **	0.464 **
GLKC	GKUE	-0.565 **	-0.107 *	-0.553 **	-0.249 **	-0.361 **	-0.376 **	-0.484 **	-0.161 **
GLKC	GLDW	0.169 **	0.091 *	0.226 **	-0.076	0.065	0.090 *	0.038	-0.141 **
GLKC	GLKU	0.813 **	0.416 **	0.814 **	0.325 **	0.834 **	0.569 **	0.402 **	0.497 **
GLKC	GLNU	0.269 **	0.159 **	0.240 **	0.042	0.230 **	0.191 **	0.258 **	-0.056
GLKC	GLPU	0.304 **	0.07	0.135 **	0	0.174 **	0.195 **	0.350 **	-0.097 *
GLKC	GNUE	-0.105 *	-0.079	0.055	-0.191 **	-0.203 **	-0.101 *	-0.357 **	-0.002
GLKC	GPUE	-0.075	0.004	0.026	-0.074	-0.215 **	-0.173 **	-0.196 **	0.016
GLKC	HI	0.157 **	-0.085	0.198 **	-0.052	-0.151 **	0.06	-0.360 **	0.028
GLKC	KHI	-0.465 **	-0.018	-0.344 **	-0.153 **	-0.318 **	-0.238 **	-0.342 **	-0.072
GLKC	KUpE	0.636 **	0.171 **	0.440 **	0.014	0.176 **	0.251 **	0.180 **	0.03
GLKC	KY	0.315 **	0.076	0.109 *	-0.035	0.024	0.158 **	-0.053	0.002
GLKC	NHI	-0.011	-0.199 **	-0.034	-0.045	-0.227 **	-0.086	-0.269 **	-0.022
GLKC	NUpE	0.271 **	-0.013	0.170 **	-0.036	0.088	0.083	0.130 **	-0.091 *
GLKC	NY	0.251 **	-0.110 *	0.157 **	-0.039	0	0.026	-0.075	-0.094 *
GLKC	PHI	-0.078	-0.067	-0.036	-0.029	-0.192 **	-0.122 **	-0.349 **	0.016

（续表）

p1	p2	2019 洛阳	2020 洛阳	2019 南阳	2020 南阳	2019 宿迁	2020 宿迁	2019 杨陵	2020 杨陵
GLKC	PUpE	0.245**	-0.07	0.177**	-0.079	0.08	0.087	0.037	-0.100*
GLKC	PY	0.214**	-0.112*	0.177**	-0.079	0.021	0.03	0.152**	-0.06
GLKC	SDW	0.114*	0.013	0.136**	-0.116**	0.067	0.015	0.018	-0.102*
GLKC	SKUE	-0.646**	-0.187**	-0.671**	-0.421**	-0.457**	-0.501**	-0.426**	-0.232**
GLKC	SNUE	-0.152**	0.031	-0.018	-0.245**	-0.073	-0.046	-0.239**	-0.018
GLKC	SPUE	-0.097*	0.138**	-0.03	-0.01	-0.033	-0.130**	-0.036	0.005
GLKC	STDW	-0.045	0.037	-0.013	-0.116**	0.103*	-0.026	0.115*	-0.067
GLKC	STKU	0.503**	0.091*	0.299**	-0.007	0.116**	0.157**	0.138**	-0.039
GLKC	STNU	0.155**	0.111*	0.077	-0.05	0.134**	0.067	0.171**	-0.046
GLKC	STPU	0.195**	0.008	0.047	-0.073	0.120**	0.046	-0.097*	-0.095*
GLKU	GKUE	-0.531**	-0.172**	-0.503**	-0.299**	-0.330**	-0.304**	-0.392**	-0.247**
GLKU	KHI	-0.442**	-0.161**	-0.332**	-0.181**	-0.302**	-0.222**	-0.339**	-0.142**
GLKU	KUpE	0.781**	0.719**	0.625**	0.270**	0.385**	0.645**	0.796**	0.648**
GLKU	SKUE	-0.584**	-0.154**	-0.550**	-0.195**	-0.397**	-0.302**	-0.236**	-0.233**
GLNC	GKC	0.139**	0.150**	0.003	0.298**	-0.068	0.279**	0.321**	0.148**
GLNC	GKUE	-0.346**	-0.234**	-0.152**	-0.584**	-0.451**	-0.312**	-0.486**	-0.435**
GLNC	GLDW	0.042	0.044	0.024	-0.045	-0.017	0.090*	0.009	0.045
GLNC	GLKC	0.241**	0.191**	0.093*	0.242**	0.335**	0.268**	0.519**	0.120**
GLNC	GLKU	0.215**	0.089*	0.109*	0.043	0.232**	0.239**	0.229**	0.107*
GLNC	GLNU	0.584**	0.518**	0.672**	0.511**	0.537**	0.509**	0.425**	0.631**
GLNC	GLPC	0.852**	0.843**	0.486**	0.772**	0.875**	0.807**	0.825**	0.835**
GLNC	GLPU	0.629**	0.521**	0.439**	0.466**	0.570**	0.541**	0.474**	0.602**
GLNC	GNUE	-0.193**	-0.482**	-0.167**	-0.712**	-0.540**	-0.276**	-0.582**	-0.467**
GLNC	GPC	0.218**	0.372**	0.041	0.314**	0.195**	0.228**	0.390**	0.360**
GLNC	GPUE	-0.096*	-0.425**	-0.051	-0.574**	-0.512**	-0.527**	-0.280**	-0.426**
GLNC	HI	-0.320**	-0.470**	-0.327**	-0.561**	-0.476**	-0.210**	-0.525**	-0.488**
GLNC	KHI	-0.309**	-0.233**	-0.131**	-0.502**	-0.443**	-0.279**	-0.382**	-0.343**
GLNC	KUpE	0.234**	0.254**	0.116*	-0.023	0.110*	0.082	0.093*	0.124**
GLNC	KY	-0.059	-0.063	-0.026	-0.329**	-0.234**	-0.231**	-0.269**	-0.176**
GLNC	NHI	-0.345**	-0.580**	-0.397**	-0.653**	-0.508**	-0.236**	-0.487**	-0.480**

（续表）

p1	p2	2019 洛阳	2020 洛阳	2019 南阳	2020 南阳	2019 宿迁	2020 宿迁	2019 杨陵	2020 杨陵
GLNC	NUpE	0.136 **	0.170 **	0.141 **	−0.063	0.04	0.038	0.141 **	0.090 *
GLNC	NY	−0.015	−0.025	0.021	−0.347 **	−0.187 **	−0.218 **	−0.215 **	−0.104 *
GLNC	PHI	−0.330 **	−0.547 **	−0.323 **	−0.615 **	−0.511 **	−0.607 **	−0.548 **	−0.501 **
GLNC	PUpE	0.07	0.109 *	0.012	−0.099 *	0.004	−0.029	−0.053	0.046
GLNC	PY	−0.046	−0.029	−0.077	−0.356 **	−0.184 **	0.121 **	0.198 **	0.214 **
GLNC	SDW	0.022	0.158 **	0.103 *	−0.142 **	0.043	−0.076	−0.055	0.007
GLNC	SKUE	−0.247 **	−0.184 **	−0.014	−0.415 **	−0.324 **	−0.185 **	−0.326 **	−0.232 **
GLNC	SNUE	−0.112 *	0.038	−0.051	−0.267 **	−0.007	−0.093 *	−0.457 **	−0.159 **
GLNC	SPUE	−0.058	0.139 **	0.047	−0.077	0.128 **	−0.106 *	−0.052	−0.082
GLNC	STDW	0.139 **	0.342 **	0.258 **	0.044	0.196 **	0.005	0.110 *	0.169 **
GLNC	STKC	0.201 **	−0.131 **	−0.055	−0.027	0.004	0.129 **	0.008	0.068
GLNC	STKU	0.237 **	0.294 **	0.127 **	−0.01	0.119 **	0.084	0.099 *	0.174 **
GLNC	STNU	0.327 **	0.361 **	0.342 **	0.221 **	0.198 **	0.174 **	0.200 **	0.254 **
GLNC	STPC	0.330 **	0.023	0.046	0.200 **	0.082	0.183 **	0.210 **	0.171 **
GLNC	STPU	0.332 **	0.256 **	0.183 **	0.168 **	0.173 **	−0.265 **	−0.254 **	−0.100 *
GLNU	GKUE	−0.316 **	−0.229 **	−0.313 **	−0.491 **	−0.309 **	−0.272 **	−0.414 **	−0.381 **
GLNU	GLKU	0.615 **	0.782 **	0.594 **	0.745 **	0.551 **	0.810 **	0.921 **	0.605 **
GLNU	GLPU	0.943 **	0.941 **	0.631 **	0.924 **	0.946 **	0.934 **	0.933 **	0.914 **
GLNU	GNUE	−0.135 **	−0.429 **	−0.061	−0.477 **	−0.355 **	−0.226 **	−0.469 **	−0.345 **
GLNU	GPUE	−0.082	−0.366 **	0.015	−0.497 **	−0.326 **	−0.453 **	−0.188 **	−0.334 **
GLNU	KHI	−0.275 **	−0.238 **	−0.251 **	−0.381 **	−0.321 **	−0.238 **	−0.378 **	−0.293 **
GLNU	KUpE	0.608 **	0.798 **	0.509 **	0.221 **	0.497 **	0.597 **	0.785 **	0.616 **
GLNU	KY	0.361 **	0.325 **	0.125 **	0.289 **	0.467 **	0.366 **	0.292 **	0.239 **
GLNU	NHI	−0.269 **	−0.663 **	−0.449 **	−0.574 **	−0.518 **	−0.245 **	−0.517 **	−0.501 **
GLNU	NUpE	0.576 **	0.637 **	0.569 **	0.570 **	0.716 **	0.642 **	0.824 **	0.565 **
GLNU	PHI	−0.283 **	−0.657 **	−0.389 **	−0.558 **	−0.529 **	−0.597 **	−0.520 **	−0.502 **
GLNU	PUpE	0.515 **	0.562 **	0.440 **	0.534 **	0.691 **	0.562 **	0.562 **	0.501 **
GLNU	PY	0.370 **	0.387 **	0.354 **	0.265 **	0.514 **	0.486 **	0.609 **	0.461 **
GLNU	SKUE	−0.245 **	−0.161 **	−0.184 **	−0.253 **	−0.206 **	−0.157 **	−0.206 **	−0.201 **
GLNU	SNUE	−0.073	0.235 **	0.075	0.146 **	0.061	0.044	−0.176 **	0.016

（续表）

p1	p2	2019 洛阳	2020 洛阳	2019 南阳	2020 南阳	2019 宿迁	2020 宿迁	2019 杨陵	2020 杨陵
GLNU	SPUE	−0.053	0.350 **	0.117 *	0.016	0.142 **	0.108 *	0.135 **	0.055
GLNU	STKU	0.572 **	0.738 **	0.439 **	0.160 **	0.447 **	0.534 **	0.713 **	0.595 **
GLNU	STPU	0.449 **	0.550 **	0.362 **	0.480 **	0.596 **	0.321 **	0.281 **	0.329 **
GLPC	GKC	0.214 **	0.120 **	0.003	0.388 **	−0.157 **	0.216 **	0.321 **	0.138 **
GLPC	GKUE	−0.393 **	−0.188 **	−0.241 **	−0.497 **	−0.470 **	−0.350 **	−0.537 **	−0.458 **
GLPC	GLDW	0.091 *	0.026	0.025	0.005	−0.054	0.07	−0.03	0.064
GLPC	GLKC	0.309 **	0.004	0.073	0.099 *	0.204 **	0.209 **	0.572 **	0.014
GLPC	GLKU	0.281 **	0.018	0.052	0.044	0.132 **	0.178 **	0.196 **	0.062
GLPC	GLNU	0.575 **	0.424 **	0.335 **	0.444 **	0.467 **	0.388 **	0.303 **	0.548 **
GLPC	GLPU	0.753 **	0.590 **	0.863 **	0.622 **	0.630 **	0.602 **	0.496 **	0.725 **
GLPC	GNUE	−0.185 **	−0.392 **	−0.093 *	−0.524 **	−0.551 **	0.02	−0.536 **	−0.410 **
GLPC	GPUE	−0.116 *	−0.492 **	−0.151 **	−0.764 **	−0.604 **	−0.562 **	−0.321 **	−0.512 **
GLPC	HI	−0.247 **	−0.402 **	−0.261 **	−0.455 **	−0.540 **	−0.299 **	−0.539 **	−0.434 **
GLPC	KHI	−0.324 **	−0.190 **	−0.180 **	−0.364 **	−0.489 **	−0.320 **	−0.436 **	−0.364 **
GLPC	KUpE	0.346 **	0.218 **	0.171 **	−0.002	0.119 **	0.035	0.076	0.225 **
GLPC	KY	0.066	−0.024	0.002	−0.166 **	−0.283 **	−0.142 **	−0.281 **	−0.094 *
GLPC	NHI	−0.306 **	−0.478 **	−0.184 **	−0.609 **	−0.503 **	0.057	−0.414 **	−0.503 **
GLPC	NUpE	0.214 **	0.171 **	0.114 *	−0.009	0.03	0.036	0.069	0.145 **
GLPC	NY	0.067	0.017	0.053	−0.276 **	−0.214 **	−0.134 **	−0.227 **	−0.053
GLPC	PHI	−0.365 **	−0.551 **	−0.583 **	−0.714 **	−0.574 **	−0.557 **	−0.598 **	−0.589 **
GLPC	PUpE	0.194 **	0.206 **	0.281 **	0.141 **	0.019	0.094 *	−0.043	0.205 **
GLPC	PY	0.064	0.075	0.124 **	−0.151 **	−0.199 **	0.117 *	0.204 **	0.344 **
GLPC	SDW	0.099 *	0.171 **	0.153 **	−0.048	0.052	−0.081	−0.087	0.068
GLPC	SKUE	−0.326 **	−0.125 **	−0.152 **	−0.378 **	−0.302 **	−0.216 **	−0.390 **	−0.308 **
GLPC	SNUE	−0.125 **	0.075	0.002	−0.132 **	0.087	−0.310 **	−0.374 **	−0.131 **
GLPC	SPUE	−0.087	−0.001	−0.100 *	−0.429 **	0.106 *	−0.328 **	−0.100 *	−0.211 **
GLPC	STDW	0.161 **	0.337 **	0.280 **	0.102 *	0.236 **	−0.051	0.083	0.207 **
GLPC	STKC	0.321 **	−0.171 **	0.013	−0.03	−0.004	0.131 **	0.054	0.195 **
GLPC	STKU	0.341 **	0.266 **	0.209 **	0.003	0.140 **	0.028	0.086	0.276 **
GLPC	STNU	0.366 **	0.316 **	0.211 **	0.271 **	0.226 **	0.081	0.167 **	0.340 **

p1	p2	2019 洛阳	2020 洛阳	2019 南阳	2020 南阳	2019 宿迁	2020 宿迁	2019 杨陵	2020 杨陵
GLPC	STPU	0.415 **	0.283 **	0.507 **	0.365 **	0.220 **	−0.118 **	−0.250 **	0.037
GLPU	GKUE	−0.351 **	−0.215 **	−0.316 **	−0.456 **	−0.350 **	−0.336 **	−0.495 **	−0.414 **
GLPU	GLKU	0.587 **	0.699 **	0.337 **	0.649 **	0.456 **	0.742 **	0.857 **	0.503 **
GLPU	GPUE	−0.090 *	−0.427 **	−0.109 *	−0.614 **	−0.426 **	−0.529 **	−0.245 **	−0.416 **
GLPU	KHI	−0.295 **	−0.221 **	−0.243 **	−0.323 **	−0.373 **	−0.298 **	−0.442 **	−0.319 **
GLPU	KUpE	0.585 **	0.746 **	0.395 **	0.198 **	0.486 **	0.549 **	0.736 **	0.628 **
GLPU	KY	0.332 **	0.307 **	0.078	0.291 **	0.352 **	0.360 **	0.287 **	0.244 **
GLPU	PHI	−0.327 **	−0.687 **	−0.592 **	−0.622 **	−0.596 **	−0.634 **	−0.610 **	−0.576 **
GLPU	PUpE	0.475 **	0.574 **	0.489 **	0.590 **	0.646 **	0.602 **	0.585 **	0.560 **
GLPU	SKUE	−0.298 **	−0.140 **	−0.209 **	−0.255 **	−0.222 **	−0.203 **	−0.271 **	−0.262 **
GLPU	SPUE	−0.066	0.269 **	−0.037	−0.196 **	0.123 **	−0.054	0.077	−0.057
GLPU	STKU	0.553 **	0.697 **	0.385 **	0.143 **	0.451 **	0.492 **	0.664 **	0.626 **
GNC	GKC	0.392 **	0.149 **	0.007	−0.150 **	0.017	0.225 **	0.405 **	0.401 **
GNC	GKUE	−0.317 **	−0.168 **	0.024	−0.362 **	−0.271 **	−0.289 **	−0.395 **	−0.318 **
GNC	GLDW	−0.079	0.027	−0.199 **	−0.185 **	−0.323 **	0.021	−0.026	−0.054
GNC	GLKC	0.121 **	0.034	−0.179 **	0.312 **	0.025	0.062	0.365 **	0.009
GNC	GLKU	0.039	0.028	−0.187 **	−0.07	−0.098 *	0.052	0.127 **	−0.059
GNC	GLNC	0.280 **	0.412 **	0.216 **	0.339 **	0.183 **	0.322 **	0.468 **	0.347 **
GNC	GLNU	0.061	0.204 **	0	0.013	−0.159 **	0.174 **	0.173 **	0.149 **
GNC	GLPC	0.229 **	0.344 **	0.094 *	0.076	0.208 **	0.253 **	0.500 **	0.256 **
GNC	GLPU	0.071	0.197 **	0.013	−0.083	−0.109 *	0.185 **	0.251 **	0.137 **
GNC	GNUE	−0.712 **	−0.860 **	−0.677 **	−0.600 **	−0.519 **	−0.389 **	−0.647 **	−0.861 **
GNC	GPC	0.830 **	0.741 **	0.611 **	0.259 **	0.693 **	0.647 **	0.771 **	0.812 **
GNC	GPUE	−0.567 **	−0.736 **	−0.488 **	−0.098 *	−0.394 **	−0.537 **	−0.599 **	−0.737 **
GNC	HI	−0.361 **	−0.386 **	−0.459 **	−0.330 **	−0.296 **	−0.181 **	−0.379 **	−0.407 **
GNC	KHI	−0.113 *	−0.133 **	0.076	−0.461 **	−0.250 **	−0.215 **	−0.233 **	−0.091 *
GNC	KUpE	0.077	0.184 **	−0.146 **	0.005	−0.116 *	0.088	0.082	0.002
GNC	KY	−0.074	−0.005	−0.092 *	−0.434 **	−0.369 **	−0.107 *	−0.144 **	−0.099 *
GNC	NHI	0.344 **	−0.058	0.286 **	0.005	0.076	−0.055	−0.039	0.187 **
GNC	NUpE	0.194 **	0.334 **	0.199 **	−0.135 **	−0.189 **	0.195 **	0.142 **	0.142 **

（续表）

p1	p2	2019 洛阳	2020 洛阳	2019 南阳	2020 南阳	2019 宿迁	2020 宿迁	2019 杨陵	2020 杨陵
GNC	NY	0.187 **	0.300 **	0.217 **	-0.120 **	-0.166 **	0.166 **	0.061	0.145 **
GNC	PHI	0.331 **	-0.100 *	0.240 **	0.012	0.042	-0.160 **	-0.075	0.105 *
GNC	PUpE	0.106 *	0.245 **	0.009	-0.345 **	-0.247 **	0.084	0.04	0.042
GNC	PY	0.089 *	0.209 **	0.015	-0.347 **	-0.256 **	0.145 **	0.105 *	-0.006
GNC	SDW	-0.102 *	0.150 **	-0.134 **	-0.268 **	-0.261 **	-0.037	-0.041	-0.092 *
GNC	SKUE	-0.198 **	-0.083	0.229 **	-0.283 **	-0.169 **	-0.226 **	-0.289 **	-0.110 *
GNC	SNUE	-0.627 **	-0.508 **	-0.543 **	-0.439 **	-0.317 **	-0.220 **	-0.662 **	-0.662 **
GNC	SPUE	-0.524 **	-0.273 **	-0.352 **	0.253 **	-0.009	-0.218 **	-0.446 **	-0.443 **
GNC	STDW	0.073	0.313 **	0.125 **	-0.140 **	-0.132 **	0.035	0.095 *	0.096 *
GNC	STKC	0.100 *	-0.263 **	-0.242 **	0.066	-0.01	0.135 **	-0.027	-0.062
GNC	STKU	0.094 *	0.212 **	-0.100 *	0.033	-0.088	0.103 *	0.088	0.029
GNC	STNC	0.155 **	0.052	-0.098 *	-0.090 *	-0.137 **	0.166 **	0.043	-0.007
GNC	STNU	0.134 **	0.274 **	0.022	-0.153 **	-0.154 **	0.129 **	0.116 *	0.05
GNC	STPC	0.136 **	-0.017	-0.189 **	-0.257 **	-0.156 **	0.133 **	0.009	-0.055
GNC	STPU	0.125 **	0.197 **	-0.094 *	-0.261 **	-0.149 **	0.008	-0.049	0.034
GNUE	GKUE	0.246 **	0.261 **	0.094 *	0.814 **	0.791 **	0.011	0.721 **	0.510 **
GNUE	GLKU	-0.092 *	-0.244 **	0.061	-0.166 **	-0.202 **	-0.158 **	-0.355 **	-0.074
GNUE	GLPU	-0.136 **	-0.405 **	-0.062	-0.410 **	-0.406 **	-0.094 *	-0.516 **	-0.339 **
GNUE	GPUE	0.969 **	0.870 **	0.935 **	0.708 **	0.859 **	0.527 **	0.738 **	0.902 **
GNUE	KHI	-0.024	0.204 **	-0.067	0.746 **	0.755 **	-0.039	0.569 **	0.224 **
GNUE	KUpE	-0.152 **	-0.398 **	0.028	-0.046	-0.249 **	-0.405 **	-0.322 **	-0.224 **
GNUE	KY	-0.139 **	-0.088	-0.003	0.394 **	0.281 **	0.076	0.073	0.02
GNUE	NUpE	-0.275 **	-0.423 **	-0.232 **	-0.025	-0.172 **	-0.214 **	-0.339 **	-0.294 **
GNUE	PHI	-0.651 **	0.376 **	-0.404 **	0.743 **	0.784 **	0.485 **	0.440 **	0.169 **
GNUE	PUpE	-0.243 **	-0.323 **	-0.143 **	0.081	-0.084	-0.084	-0.171 **	-0.197 **
GNUE	PY	-0.231 **	-0.209 **	-0.146 **	0.392 **	0.189 **	-0.451 **	-0.398 **	-0.288 **
GNUE	SKUE	0.191 **	0.209 **	-0.047	0.494 **	0.543 **	0.029	0.402 **	0.273 **
GNUE	SNUE	0.963 **	0.486 **	0.918 **	0.278 **	0.126 **	-0.736 **	0.705 **	0.690 **
GNUE	SPUE	0.946 **	0.229 **	0.830 **	-0.077	-0.243 **	-0.447 **	0.399 **	0.493 **
GNUE	STKU	-0.152 **	-0.414 **	0.021	-0.056	-0.271 **	-0.463 **	-0.320 **	-0.255 **

（续表）

p1	p2	2019 洛阳	2020 洛阳	2019 南阳	2020 南阳	2019 宿迁	2020 宿迁	2019 杨陵	2020 杨陵
GNUE	STPU	-0.177**	-0.435**	-0.048	-0.343**	-0.433**	0.066	0.045	-0.104*
GPC	GKC	0.526**	0.265**	0.108*	0.458**	0.274**	0.465**	0.572**	0.507**
GPC	GKUE	-0.281**	-0.197**	-0.061	-0.407**	-0.308**	-0.327**	-0.436**	-0.401**
GPC	GLDW	-0.094*	0.022	-0.184**	0.048	-0.307**	0.038	-0.036	0.02
GPC	GLKC	0.052	0.017	-0.109*	0.123**	0.117**	0.118**	0.303**	-0.01
GPC	GLKU	-0.006	0.013	-0.148**	0.092*	-0.026	0.084	0.099*	0.01
GPC	GLNU	0.02	0.195**	-0.092*	0.220**	-0.135**	0.128**	0.131**	0.216**
GPC	GLPC	0.229**	0.463**	0.232**	0.576**	0.273**	0.347**	0.477**	0.460**
GPC	GLPU	0.064	0.274**	0.137**	0.383**	-0.055	0.220**	0.237**	0.323**
GPC	GNUE	-0.675**	-0.690**	-0.507**	-0.402**	-0.417**	-0.290**	-0.607**	-0.767**
GPC	GPUE	-0.596**	-0.889**	-0.609**	-0.755**	-0.642**	-0.782**	-0.708**	-0.881**
GPC	HI	-0.257**	-0.306**	-0.197**	-0.314**	-0.264**	-0.134**	-0.311**	-0.341**
GPC	KHI	-0.017	-0.124**	0.165**	-0.228**	-0.210**	-0.153**	-0.201**	-0.120**
GPC	KUpE	0.075	0.215**	-0.079	0.019	-0.082	0.141**	0.102*	0.192**
GPC	KY	0.03	0.102*	0.036	-0.044	-0.322**	0.024	-0.062	0.073
GPC	NHI	0.344**	-0.093*	0.354**	-0.313**	-0.02	-0.08	-0.057	0.089
GPC	NUpE	0.163**	0.288**	0.054	0.026	-0.228**	0.127**	0.105*	0.240**
GPC	NY	0.150**	0.242**	0.088*	-0.109*	-0.268**	0.087	0.01	0.203**
GPC	PHI	0.351**	-0.115*	0.202**	-0.403**	-0.033	-0.194**	-0.041	-0.003
GPC	PUpE	0.231**	0.384**	0.304**	0.220**	-0.172**	0.222**	0.128**	0.297**
GPC	PY	0.215**	0.356**	0.318**	0.066	-0.205**	0.241**	0.167**	0.161**
GPC	SDW	-0.102*	0.160**	-0.183**	-0.02	-0.280**	0	-0.054	0.029
GPC	SKUE	-0.206**	-0.147**	0.03	-0.384**	-0.257**	-0.302**	-0.401**	-0.281**
GPC	SNUE	-0.618**	-0.398**	-0.458**	-0.161**	-0.223**	-0.128**	-0.659**	-0.607**
GPC	SPUE	-0.567**	-0.504**	-0.572**	-0.560**	-0.349**	-0.416**	-0.599**	-0.637**
GPC	STDW	0.033	0.304**	-0.041	0.062	-0.153**	0.059	0.058	0.175**
GPC	STKC	0.102*	-0.128**	-0.048	-0.01	0.044	0.222**	0.215**	0.158**
GPC	STKU	0.093*	0.250**	-0.07	0.016	-0.06	0.152**	0.108*	0.209**
GPC	STNU	0.142**	0.276**	-0.127**	0.163**	-0.113*	0.152**	0.122**	0.173**
GPC	STPC	0.245**	0.112*	0.084	0.369**	0.036	0.332**	0.247**	0.129**

（续表）

p1	p2	2019 洛阳	2020 洛阳	2019 南阳	2020 南阳	2019 宿迁	2020 宿迁	2019 杨陵	2020 杨陵
GPC	STPU	0.198 **	0.260 **	0.054	0.288 **	−0.058	0.161 **	0.044	0.259 **
GPUE	GKUE	0.157 **	0.255 **	0.100 *	0.697 **	0.707 **	0.434 **	0.339 **	0.507 **
GPUE	GLKU	−0.069	−0.171 **	0.055	−0.229 **	−0.199 **	−0.306 **	−0.152 **	−0.085
GPUE	KHI	−0.117 **	0.180 **	−0.119 **	0.487 **	0.631 **	0.282 **	0.077	0.187 **
GPUE	KUpE	−0.118 **	−0.354 **	0.01	−0.055	−0.224 **	−0.390 **	−0.162 **	−0.298 **
GPUE	KY	−0.189 **	−0.129 **	−0.058	0.082	0.249 **	0.027	−0.072	−0.104 *
GPUE	PUpE	−0.254 **	−0.422 **	−0.268 **	−0.292 **	−0.129 **	−0.282 **	−0.178 **	−0.360 **
GPUE	SKUE	0.144 **	0.212 **	0.031	0.492 **	0.510 **	0.311 **	0.272 **	0.359 **
GPUE	SPUE	0.992 **	0.450 **	0.951 **	0.462 **	0.078	0.074	0.866 **	0.683 **
GPUE	STKU	−0.108 *	−0.375 **	0.02	−0.045	−0.244 **	−0.404 **	−0.155 **	−0.322 **
HI	GKUE	0.350 **	0.175 **	0.312 **	0.855 **	0.808 **	0.610 **	0.809 **	0.639 **
HI	GLKU	0.078	−0.366 **	0.043	−0.276 **	−0.175 **	0.06	−0.458 **	−0.150 **
HI	GLNU	−0.246 **	−0.534 **	−0.320 **	−0.532 **	−0.357 **	−0.043	−0.550 **	−0.454 **
HI	GLPU	−0.208 **	−0.512 **	−0.302 **	−0.480 **	−0.423 **	−0.132 **	−0.614 **	−0.432 **
HI	GNUE	0.183 **	0.548 **	0.310 **	0.826 **	0.848 **	−0.369 **	0.783 **	0.547 **
HI	GPUE	0.057	0.429 **	0.150 **	0.655 **	0.739 **	0.172 **	0.289 **	0.427 **
HI	KHI	0.398 **	0.165 **	0.336 **	0.811 **	0.824 **	0.643 **	0.781 **	0.585 **
HI	KUpE	−0.064	−0.531 **	−0.081	−0.033	−0.223 **	0.054	−0.450 **	−0.211 **
HI	KY	0.349 **	0.014	0.161 **	0.371 **	0.350 **	0.156 **	0.176 **	0.389 **
HI	NHI	0.440 **	0.694 **	0.397 **	0.789 **	0.802 **	−0.450 **	0.845 **	0.627 **
HI	NUpE	0.058	−0.320 **	0.003	0.016	−0.090 *	0.013	−0.356 **	0.004
HI	NY	0.206 **	−0.082	0.122 **	0.373 **	0.250 **	0.103 *	0.126 **	0.278 **
HI	PHI	0.344 **	0.627 **	0.341 **	0.729 **	0.757 **	0.157 **	0.786 **	0.615 **
HI	PUpE	0.167 **	−0.221 **	0.152 **	0.059	−0.019	0.019	−0.131 **	0.107 *
HI	PY	0.256 **	−0.055	0.248 **	0.370 **	0.254 **	0.101 *	−0.516 **	−0.394 **
HI	SKUE	−0.009	0.097 *	−0.135 **	0.334 **	0.436 **	0.234 **	0.349 **	0.125 **
HI	SNUE	−0.083	−0.342 **	−0.088	−0.296 **	−0.405 **	0.559 **	0.142 **	−0.211 **
HI	SPUE	−0.064	−0.472 **	−0.158 **	−0.348 **	−0.596 **	0.241 **	−0.181 **	−0.345 **
HI	STKU	−0.163 **	−0.549 **	−0.180 **	−0.035	−0.251 **	0.208 **	−0.465 **	−0.296 **
HI	STNU	−0.381 **	−0.555 **	−0.395 **	−0.393 **	−0.417 **	0.136 **	−0.544 **	−0.451 **

（续表）

p1	p2	2019 洛阳	2020 洛阳	2019 南阳	2020 南阳	2019 宿迁	2020 宿迁	2019 杨陵	2020 杨陵
HI	STPU	-0. 326 **	-0. 444 **	-0. 215 **	-0. 308 **	-0. 376 **	0. 128 **	0. 158 **	0. 305 **
KHI	GKUE	0. 875 **	0. 960 **	0. 640 **	0. 901 **	0. 952 **	0. 918 **	0. 915 **	0. 835 **
KHI	KUpE	-0. 540 **	-0. 268 **	-0. 312 **	-0. 249 **	-0. 402 **	-0. 342 **	-0. 414 **	-0. 404 **
KHI	SKUE	0. 783 **	0. 890 **	0. 521 **	0. 637 **	0. 783 **	0. 750 **	0. 708 **	0. 658 **
KY	GKUE	-0. 113 *	-0. 011	-0. 166 **	0. 268 **	0. 201 **	-0. 027	0. 110 *	0. 100 *
KY	GLKU	0. 426 **	0. 275 **	0. 176 **	0. 541 **	0. 337 **	0. 508 **	0. 341 **	0. 426 **
KY	KHI	0. 120 **	0. 138 **	0. 579 **	0. 425 **	0. 238 **	0. 084	0. 174 **	0. 384 **
KY	KUpE	0. 690 **	0. 555 **	0. 434 **	0. 237 **	0. 444 **	0. 608 **	0. 522 **	0. 594 **
KY	SKUE	-0. 245 **	-0. 034	-0. 231 **	0. 05	0. 024	-0. 164 **	0. 033	-0. 149 **
KY	STKU	0. 623 **	0. 514 **	0. 143 **	0. 152 **	0. 371 **	0. 484 **	0. 456 **	0. 480 **
NHI	GKUE	0. 277 **	0. 330 **	0. 272 **	0. 747 **	0. 747 **	-0. 074	0. 713 **	0. 576 **
NHI	GLKU	-0. 05	-0. 477 **	-0. 165 **	-0. 259 **	-0. 306 **	-0. 189 **	-0. 396 **	-0. 255 **
NHI	GLPU	-0. 272 **	-0. 638 **	-0. 263 **	-0. 563 **	-0. 543 **	-0. 103 *	-0. 541 **	-0. 525 **
NHI	GNUE	-0. 584 **	0. 359 **	-0. 510 **	0. 786 **	0. 807 **	0. 926 **	0. 637 **	0. 075
NHI	GPUE	-0. 664 **	0. 292 **	-0. 607 **	0. 821 **	0. 733 **	0. 416 **	0. 024	0. 057
NHI	KHI	0. 486 **	0. 359 **	0. 367 **	0. 579 **	0. 721 **	-0. 089	0. 763 **	0. 637 **
NHI	KUpE	-0. 155 **	-0. 596 **	-0. 214 **	-0. 044	-0. 364 **	-0. 437 **	-0. 353 **	-0. 406 **
NHI	KY	0. 228 **	-0. 004	0. 083	0. 171 **	0. 090 *	0. 063	0. 129 **	0. 223 **
NHI	NUpE	0. 094 *	-0. 296 **	0. 042	-0. 110 *	-0. 314 **	-0. 172 **	-0. 307 **	-0. 106 *
NHI	PHI	0. 956 **	0. 930 **	0. 783 **	0. 951 **	0. 947 **	0. 566 **	0. 826 **	0. 927 **
NHI	PUpE	0. 155 **	-0. 209 **	0. 137 **	-0. 143 **	-0. 253 **	-0. 07	-0. 112 *	-0. 064
NHI	PY	0. 270 **	0. 035	0. 262 **	0. 242 **	0. 059	-0. 470 **	-0. 453 **	-0. 645 **
NHI	SKUE	0. 138 **	0. 308 **	0. 097 *	0. 416 **	0. 523 **	-0. 044	0. 327 **	0. 329 **
NHI	SNUE	-0. 706 **	-0. 434 **	-0. 694 **	0. 006	-0. 100 *	-0. 885 **	0. 061	-0. 461 **
NHI	SPUE	-0. 716 **	-0. 512 **	-0. 724 **	0. 097 *	-0. 309 **	-0. 603 **	-0. 338 **	-0. 450 **
NHI	STKU	-0. 221 **	-0. 601 **	-0. 255 **	-0. 036	-0. 371 **	-0. 493 **	-0. 354 **	-0. 474 **
NHI	STPU	-0. 451 **	-0. 638 **	-0. 385 **	-0. 613 **	-0. 599 **	0. 094 *	0. 145 **	0. 180 **
NUpE	GKUE	-0. 234 **	-0. 130 **	-0. 157 **	-0. 056	-0. 145 **	-0. 165 **	-0. 297 **	-0. 191 **
NUpE	GLKU	0. 455 **	0. 457 **	0. 470 **	0. 674 **	0. 441 **	0. 609 **	0. 778 **	0. 527 **
NUpE	GLPU	0. 504 **	0. 594 **	0. 368 **	0. 509 **	0. 658 **	0. 611 **	0. 788 **	0. 551 **

（续表）

p1	p2	2019 洛阳	2020 洛阳	2019 南阳	2020 南阳	2019 宿迁	2020 宿迁	2019 杨陵	2020 杨陵
NUpE	GPUE	-0.245**	-0.375**	-0.175**	-0.135**	-0.121**	-0.254**	-0.192**	-0.332**
NUpE	KHI	-0.118**	-0.133**	-0.076	0.016	-0.171**	-0.146**	-0.275**	-0.043
NUpE	KUpE	0.786**	0.849**	0.585**	0.314**	0.643**	0.810**	0.898**	0.832**
NUpE	KY	0.844**	0.684**	0.256**	0.850**	0.826**	0.837**	0.707**	0.788**
NUpE	PHI	0.062	-0.318**	-0.048	-0.152**	-0.335**	-0.258**	-0.298**	-0.111*
NUpE	PUpE	0.955**	0.954**	0.849**	0.921**	0.981**	0.947**	0.909**	0.950**
NUpE	PY	0.929**	0.899**	0.839**	0.866**	0.882**	0.672**	0.752**	0.562**
NUpE	SKUE	-0.268**	-0.083	-0.169**	-0.115**	-0.177**	-0.180**	-0.179**	-0.263**
NUpE	SPUE	-0.254**	0.012	-0.174**	-0.178**	-0.04	0.055	0.038	-0.318**
NUpE	STKU	0.777**	0.856**	0.520**	0.231**	0.586**	0.723**	0.847**	0.776**
NUpE	STPU	0.583**	0.709**	0.454**	0.636**	0.773**	0.860**	0.725**	0.903**
NY	GKUE	-0.112*	-0.014	-0.072	0.275**	0.145**	-0.018	0.096*	0.044
NY	GLKU	0.374**	0.262**	0.419**	0.497**	0.320**	0.422**	0.321**	0.401**
NY	GLNU	0.398**	0.393**	0.436**	0.233**	0.495**	0.354**	0.307**	0.327**
NY	GLPU	0.339**	0.362**	0.284**	0.183**	0.396**	0.347**	0.305**	0.306**
NY	GNUE	-0.265**	-0.272**	-0.240**	0.325**	0.158**	0.012	0.005	-0.181**
NY	GPUE	-0.256**	-0.247**	-0.205**	0.231**	0.204**	0.014	-0.086	-0.230**
NY	KHI	0.016	-0.016	0.009	0.277**	0.110*	-0.008	0.086	0.190**
NY	KUpE	0.699**	0.653**	0.516**	0.271**	0.464**	0.586**	0.528**	0.648**
NY	KY	0.874**	0.700**	0.273**	0.889**	0.938**	0.899**	0.923**	0.861**
NY	NHI	0.283**	0.055	0.229**	0.339**	0.088	0.096*	0.151**	0.241**
NY	NUpE	0.968**	0.933**	0.975**	0.886**	0.882**	0.902**	0.749**	0.928**
NY	PHI	0.224**	0.01	0.100*	0.276**	0.06	0.123**	0.234**	0.219**
NY	PUpE	0.944**	0.919**	0.851**	0.796**	0.881**	0.894**	0.902**	0.901**
NY	PY	0.958**	0.956**	0.872**	0.935**	0.979**	0.428**	0.347**	0.289**
NY	SKUE	-0.191**	0.028	-0.137**	0.064	0.022	-0.116*	0.051	-0.138**
NY	SNUE	-0.325**	-0.205**	-0.303**	-0.058	-0.215**	-0.089	-0.088	-0.433**
NY	SPUE	-0.282**	-0.147**	-0.242**	-0.134**	-0.155**	-0.144**	-0.143**	-0.436**
NY	STKU	0.671**	0.668**	0.447**	0.196**	0.396**	0.488**	0.476**	0.570**
NY	STNU	0.451**	0.560**	0.414**	0.355**	0.502**	0.408**	0.393**	0.394**

（续表）

p1	p2	2019 洛阳	2020 洛阳	2019 南阳	2020 南阳	2019 宿迁	2020 宿迁	2019 杨陵	2020 杨陵
NY	STPU	0.396 **	0.489 **	0.339 **	0.305 **	0.417 **	0.956 **	0.973 **	0.956 **
PHI	GKUE	0.250 **	0.298 **	0.316 **	0.713 **	0.679 **	0.332 **	0.665 **	0.584 **
PHI	GLKU	−0.109 *	−0.452 **	−0.139 **	−0.254 **	−0.285 **	−0.389 **	−0.419 **	−0.223 **
PHI	GPUE	−0.735 **	0.366 **	−0.408 **	0.896 **	0.782 **	0.737 **	−0.089	0.210 **
PHI	KHI	0.455 **	0.336 **	0.360 **	0.542 **	0.662 **	0.306 **	0.706 **	0.603 **
PHI	KUpE	−0.182 **	−0.555 **	−0.274 **	−0.059	−0.360 **	−0.462 **	−0.394 **	−0.390 **
PHI	KY	0.175 **	0.005	0.036	0.114 *	0.074	0.089	0.225 **	0.209 **
PHI	PUpE	0.108 *	−0.265 **	−0.109 *	−0.243 **	−0.299 **	−0.212 **	−0.084	−0.112 *
PHI	SKUE	0.145 **	0.250 **	0.177 **	0.430 **	0.465 **	0.157 **	0.368 **	0.347 **
PHI	SPUE	−0.774 **	−0.397 **	−0.494 **	0.260 **	−0.190 **	−0.330 **	−0.474 **	−0.280 **
PHI	STKU	−0.231 **	−0.557 **	−0.319 **	−0.049	−0.367 **	−0.481 **	−0.409 **	−0.460 **
PUpE	GKUE	−0.181 **	−0.107 *	−0.173 **	−0.027	−0.086	−0.149 **	−0.144 **	−0.166 **
PUpE	GLKU	0.429 **	0.384 **	0.429 **	0.624 **	0.431 **	0.572 **	0.546 **	0.483 **
PUpE	KHI	−0.034	−0.097 *	−0.008	0.105 *	−0.099 *	−0.101 *	−0.118 *	−0.004
PUpE	KUpE	0.754 **	0.788 **	0.567 **	0.281 **	0.627 **	0.745 **	0.758 **	0.816 **
PUpE	KY	0.897 **	0.711 **	0.302 **	0.880 **	0.857 **	0.890 **	0.888 **	0.827 **
PUpE	SKUE	−0.255 **	−0.07	−0.251 **	−0.116 **	−0.144 **	−0.186 **	−0.118 *	−0.304 **
PUpE	STKU	0.737 **	0.798 **	0.492 **	0.199 **	0.566 **	0.646 **	0.710 **	0.753 **
PY	GKUE	−0.096 *	−0.032	−0.100 *	0.264 **	0.136 **	−0.239 **	−0.472 **	−0.536 **
PY	GLKU	0.346 **	0.250 **	0.411 **	0.512 **	0.344 **	0.398 **	0.544 **	0.324 **
PY	GLPU	0.329 **	0.395 **	0.336 **	0.291 **	0.423 **	0.501 **	0.640 **	0.534 **
PY	GPUE	−0.257 **	−0.322 **	−0.272 **	0.061	0.146 **	−0.543 **	−0.224 **	−0.381 **
PY	KHI	0.057	−0.017	0.065	0.341 **	0.119 **	−0.203 **	−0.433 **	−0.456 **
PY	KUpE	0.687 **	0.658 **	0.516 **	0.253 **	0.481 **	0.712 **	0.804 **	0.710 **
PY	KY	0.911 **	0.728 **	0.321 **	0.955 **	0.959 **	0.430 **	0.363 **	0.254 **
PY	PHI	0.223 **	0	0.084	0.160 **	0.036	−0.629 **	−0.592 **	−0.750 **
PY	PUpE	0.985 **	0.963 **	0.976 **	0.906 **	0.912 **	0.684 **	0.666 **	0.571 **
PY	SKUE	−0.196 **	−0.005	−0.219 **	0.048	0.004	−0.169 **	−0.336 **	−0.443 **
PY	SPUE	−0.289 **	−0.245 **	−0.357 **	−0.329 **	−0.228 **	0.189 **	0.091 *	−0.076
PY	STKU	0.659 **	0.674 **	0.431 **	0.174 **	0.411 **	0.754 **	0.823 **	0.749 **

（续表）

p1	p2	2019 洛阳	2020 洛阳	2019 南阳	2020 南阳	2019 宿迁	2020 宿迁	2019 杨陵	2020 杨陵
PY	STPU	0.423 **	0.508 **	0.402 **	0.437 **	0.452 **	0.447 **	0.365 **	0.344 **
SDW	GKUE	−0.127 **	−0.158 **	−0.235 **	−0.085	−0.163 **	−0.102 *	−0.216 **	−0.202 **
SDW	GLKU	0.368 **	0.628 **	0.512 **	0.751 **	0.434 **	0.576 **	0.737 **	0.667 **
SDW	GLNU	0.577 **	0.748 **	0.644 **	0.618 **	0.743 **	0.589 **	0.730 **	0.636 **
SDW	GLPU	0.472 **	0.707 **	0.462 **	0.562 **	0.692 **	0.537 **	0.654 **	0.600 **
SDW	GNUE	−0.058	−0.290 **	0.074	0.059	−0.138 **	−0.263 **	−0.185 **	−0.101 *
SDW	GPUE	−0.066	−0.255 **	0.093 *	−0.102 *	−0.094 *	−0.200 **	−0.069	−0.143 **
SDW	HI	−0.101 *	−0.460 **	−0.171 **	−0.102 *	−0.167 **	0.218 **	−0.316 **	−0.167 **
SDW	KHI	−0.111 *	−0.176 **	−0.222 **	−0.032	−0.207 **	−0.126 **	−0.232 **	−0.133 **
SDW	KUpE	0.722 **	0.921 **	0.662 **	0.303 **	0.638 **	0.879 **	0.939 **	0.870 **
SDW	KY	0.774 **	0.614 **	0.227 **	0.813 **	0.797 **	0.700 **	0.682 **	0.678 **
SDW	NHI	−0.059	−0.442 **	−0.238 **	−0.112 *	−0.330 **	−0.320 **	−0.246 **	−0.277 **
SDW	NUpE	0.889 **	0.925 **	0.856 **	0.931 **	0.976 **	0.866 **	0.935 **	0.887 **
SDW	NY	0.848 **	0.806 **	0.788 **	0.808 **	0.848 **	0.711 **	0.697 **	0.750 **
SDW	PHI	−0.06	−0.438 **	−0.288 **	−0.138 **	−0.343 **	−0.323 **	−0.251 **	−0.245 **
SDW	PUpE	0.855 **	0.880 **	0.759 **	0.890 **	0.960 **	0.816 **	0.851 **	0.837 **
SDW	PY	0.831 **	0.794 **	0.713 **	0.828 **	0.857 **	0.720 **	0.726 **	0.581 **
SDW	SKUE	−0.091 *	−0.076	−0.174 **	−0.017	−0.140 **	−0.055	−0.084	−0.166 **
SDW	SNUE	−0.03	0.257 **	0.158 **	0.299 **	0.052	0.380 **	0.125 **	0.068
SDW	SPUE	−0.053	0.315 **	0.148 **	0.007	0.108 *	0.430 **	0.186 **	0.039
SDW	STKU	0.731 **	0.905 **	0.620 **	0.217 **	0.583 **	0.867 **	0.907 **	0.811 **
SDW	STNU	0.594 **	0.809 **	0.654 **	0.641 **	0.833 **	0.816 **	0.829 **	0.712 **
SDW	STPU	0.512 **	0.684 **	0.520 **	0.576 **	0.753 **	0.719 **	0.690 **	0.755 **
SKUE	KUpE	−0.647 **	−0.277 **	−0.646 **	−0.413 **	−0.479 **	−0.396 **	−0.343 **	−0.576 **
SNUE	GKUE	0.160 **	−0.064	−0.035	−0.065	−0.126 **	0.285 **	0.269 **	0.047
SNUE	GLKU	−0.116 **	0.273 **	0.059	0.251 **	−0.034	0.068	−0.078	0.110 *
SNUE	GLPU	−0.085	0.251 **	0.061	0.160 **	0.097 *	−0.104 *	−0.209 **	−0.001
SNUE	GPUE	0.967 **	0.432 **	0.910 **	0.104 *	0.100 *	−0.111 *	0.837 **	0.676 **
SNUE	KHI	−0.128 **	−0.143 **	−0.208 **	−0.113 *	−0.215 **	0.239 **	0.045	−0.235 **
SNUE	KUpE	−0.141 **	0.210 **	0.071	−0.001	−0.032	0.381 **	0.035	−0.037

（续表）

p1	p2	2019 洛阳	2020 洛阳	2019 南阳	2020 南阳	2019 宿迁	2020 宿迁	2019 杨陵	2020 杨陵
SNUE	KY	−0.236 **	−0.118 **	−0.065	0.049	−0.194 **	−0.031	−0.035	−0.295 **
SNUE	NUpE	−0.297 **	−0.084	−0.244 **	−0.049	−0.153 **	0.082	−0.131 **	−0.326 **
SNUE	PHI	−0.748 **	−0.374 **	−0.561 **	0.036	−0.058	−0.309 **	−0.102 *	−0.346 **
SNUE	PUpE	−0.293 **	−0.08	−0.206 **	0.046	−0.140 **	0.019	−0.100 *	−0.301 **
SNUE	PY	−0.304 **	−0.159 **	−0.250 **	0.049	−0.177 **	0.324 **	−0.054	0.013
SNUE	SKUE	0.202 **	0.023	0.002	0.289 **	0.147 **	0.233 **	0.299 **	0.205 **
SNUE	SPUE	0.977 **	0.840 **	0.929 **	0.507 **	0.740 **	0.768 **	0.833 **	0.884 **
SNUE	STKU	−0.116 **	0.193 **	0.098 *	−0.021	−0.018	0.448 **	0.065	−0.013
SNUE	STPU	−0.101 *	0.037	0.039	−0.071	−0.076	−0.049	−0.056	−0.365 **
SPUE	GKUE	0.117 **	−0.112 *	0.007	−0.128 **	−0.330 **	0.161 **	−0.024	0.018
SPUE	GLKU	−0.081	0.394 **	0.049	0.087 *	0.01	0.088	0.142 **	0.111 *
SPUE	KHI	−0.162 **	−0.195 **	−0.219 **	−0.324 **	−0.434 **	0.034	−0.266 **	−0.263 **
SPUE	KUpE	−0.114 *	0.297 **	0.034	−0.028	0.042	0.375 **	0.161 **	−0.091 *
SPUE	KY	−0.232 **	−0.145 **	−0.108 *	−0.304 **	−0.246 **	−0.151 **	−0.149 **	−0.395 **
SPUE	PUpE	−0.276 **	−0.144 **	−0.326 **	−0.414 **	−0.155 **	−0.110 *	−0.09	−0.431 **
SPUE	SKUE	0.148 **	−0.013	0.077	0.227 **	−0.017	0.249 **	0.119 *	0.267 **
SPUE	STKU	−0.092 *	0.269 **	0.069	−0.019	0.061	0.453 **	0.181 **	−0.061
STDW	GKUE	−0.224 **	−0.223 **	−0.294 **	−0.297 **	−0.369 **	−0.140 **	−0.382 **	−0.421 **
STDW	GLDW	0.519 **	0.605 **	0.556 **	0.738 **	0.698 **	0.647 **	0.677 **	0.681 **
STDW	GLKU	0.160 **	0.507 **	0.286 **	0.654 **	0.412 **	0.374 **	0.638 **	0.553 **
STDW	GLNU	0.464 **	0.718 **	0.582 **	0.654 **	0.738 **	0.452 **	0.665 **	0.644 **
STDW	GLPU	0.384 **	0.694 **	0.485 **	0.602 **	0.742 **	0.403 **	0.623 **	0.624 **
STDW	GNUE	−0.120 **	−0.429 **	−0.094 *	−0.166 **	−0.377 **	−0.469 **	−0.324 **	−0.302 **
STDW	GPUE	−0.074	−0.383 **	−0.006	−0.254 **	−0.318 **	−0.319 **	−0.143 **	−0.289 **
STDW	HI	−0.508 **	−0.624 **	−0.586 **	−0.344 **	−0.429 **	0.214 **	−0.510 **	−0.529 **
STDW	KHI	−0.242 **	−0.235 **	−0.307 **	−0.261 **	−0.414 **	−0.180 **	−0.375 **	−0.348 **
STDW	KUpE	0.581 **	0.892 **	0.541 **	0.277 **	0.664 **	0.831 **	0.934 **	0.821 **
STDW	KY	0.467 **	0.502 **	0.100 *	0.632 **	0.569 **	0.385 **	0.443 **	0.412 **
STDW	NHI	−0.230 **	−0.552 **	−0.348 **	−0.293 **	−0.526 **	−0.516 **	−0.355 **	−0.475 **
STDW	NUpE	0.704 **	0.869 **	0.679 **	0.860 **	0.902 **	0.643 **	0.824 **	0.746 **

（续表）

p1	p2	2019 洛阳	2020 洛阳	2019 南阳	2020 南阳	2019 宿迁	2020 宿迁	2019 杨陵	2020 杨陵
STDW	NY	0.609 **	0.705 **	0.569 **	0.652 **	0.645 **	0.414 **	0.478 **	0.521 **
STDW	PHI	−0.187 **	−0.527 **	−0.377 **	−0.305 **	−0.536 **	−0.448 **	−0.413 **	−0.433 **
STDW	PUpE	0.628 **	0.807 **	0.534 **	0.803 **	0.869 **	0.558 **	0.689 **	0.656 **
STDW	PY	0.573 **	0.693 **	0.450 **	0.661 **	0.654 **	0.735 **	0.821 **	0.676 **
STDW	SDW	0.866 **	0.941 **	0.862 **	0.937 **	0.939 **	0.911 **	0.911 **	0.897 **
STDW	SKUE	−0.036	−0.117 *	−0.048	−0.111 *	−0.261 **	−0.036	−0.185 **	−0.198 **
STDW	SNUE	0.017	0.268 **	0.148 **	0.320 **	0.134 **	0.568 **	0.124 **	0.130 **
STDW	SPUE	−0.011	0.344 **	0.175 **	0.084	0.236 **	0.632 **	0.221 **	0.161 **
STDW	STKU	0.657 **	0.911 **	0.574 **	0.206 **	0.630 **	0.896 **	0.952 **	0.818 **
STDW	STNU	0.688 **	0.862 **	0.723 **	0.730 **	0.924 **	0.868 **	0.910 **	0.822 **
STDW	STPU	0.589 **	0.723 **	0.541 **	0.643 **	0.860 **	0.416 **	0.460 **	0.515 **
STKC	GKUE	−0.687 **	−0.063	−0.509 **	−0.192 **	−0.283 **	−0.576 **	−0.375 **	−0.496 **
STKC	GLDW	0.198 **	0.053	0.131 **	0.002	0.021	0.137 **	0.064	0.138 **
STKC	GLKC	0.768 **	0.143 **	0.348 **	0.017	0.073	0.462 **	0.171 **	0.032
STKC	GLKU	0.633 **	0.097 *	0.284 **	0.009	0.075	0.330 **	0.114 *	0.164 **
STKC	GLNU	0.271 **	−0.03	0.058	−0.012	0.02	0.183 **	0.054	0.152 **
STKC	GLPU	0.326 **	−0.056	0.051	−0.017	0.015	0.188 **	0.072	0.227 **
STKC	GNUE	−0.116 **	0.076	0.100 *	−0.009	−0.064	−0.078	−0.027	−0.043
STKC	GPUE	−0.094 *	0.053	0.02	0.03	−0.078	−0.191 **	−0.079	−0.179 **
STKC	HI	0.255 **	0.187 **	0.255 **	0.051	0.007	0.120 **	0.111 *	0.244 **
STKC	KHI	−0.581 **	−0.042	−0.344 **	−0.191 **	−0.252 **	−0.498 **	−0.314 **	−0.404 **
STKC	KUpE	0.717 **	0.146 **	0.679 **	0.941 **	0.755 **	0.393 **	0.198 **	0.560 **
STKC	KY	0.364 **	0.053	0.099 *	−0.016	0.072	0.217 **	0.085	0.295 **
STKC	NHI	−0.068	−0.081	−0.035	0.044	−0.079	−0.033	−0.037	−0.150 **
STKC	NUpE	0.349 **	−0.054	0.072	0.003	0.074	0.196 **	0.062	0.340 **
STKC	NY	0.303 **	−0.093 *	0.069	0.023	0.051	0.173 **	0.021	0.301 **
STKC	PHI	−0.125 **	−0.011	−0.074	0.036	−0.068	−0.06	−0.013	−0.177 **
STKC	PUpE	0.350 **	−0.031	0.161 **	−0.016	0.075	0.206 **	0.109 *	0.418 **
STKC	PY	0.303 **	−0.041	0.157 **	−0.003	0.062	0.106 *	0.097 *	0.338 **
STKC	SDW	0.134 **	−0.112 *	0.052	−0.025	0.044	0.067	−0.003	0.178 **

（续表）

p1	p2	2019 洛阳	2020 洛阳	2019 南阳	2020 南阳	2019 宿迁	2020 宿迁	2019 杨陵	2020 杨陵
STKC	SKUE	−0.833 **	−0.354 **	−0.634 **	−0.361 **	−0.454 **	−0.817 **	−0.716 **	−0.825 **
STKC	SNUE	−0.194 **	−0.192 **	0.002	−0.088 *	−0.136 **	−0.129 **	−0.182 **	−0.243 **
STKC	SPUE	−0.130 **	−0.214 **	−0.062	−0.025	−0.113 *	−0.265 **	−0.148 **	−0.363 **
STKC	STDW	−0.077	−0.225 **	−0.106 *	−0.05	0.04	−0.016	−0.052	0.043
STKC	STKU	0.669 **	0.155 **	0.734 **	0.965 **	0.786 **	0.364 **	0.212 **	0.584 **
STKC	STNU	0.310 **	0.042	0.051	−0.03	0.088	0.124 **	0.093 *	0.300 **
STKC	STPU	0.359 **	0.036	0.118 **	−0.031	0.079	0.191 **	0.093 *	0.384 **
STKU	GKUE	−0.647 **	−0.286 **	−0.633 **	−0.276 **	−0.415 **	−0.371 **	−0.463 **	−0.616 **
STKU	GLKU	0.641 **	0.588 **	0.459 **	0.179 **	0.301 **	0.516 **	0.708 **	0.528 **
STKU	KHI	−0.589 **	−0.298 **	−0.512 **	−0.264 **	−0.417 **	−0.373 **	−0.448 **	−0.518 **
STKU	KUpE	0.976 **	0.982 **	0.935 **	0.995 **	0.994 **	0.975 **	0.987 **	0.983 **
STKU	SKUE	−0.634 **	−0.295 **	−0.584 **	−0.412 **	−0.475 **	−0.386 **	−0.370 **	−0.620 **
STNC	GKC	0.213 **	0.144 **	−0.018	0.448 **	0.196 **	0.420 **	0.318 **	0.014
STNC	GKUE	−0.486 **	−0.143 **	−0.217 **	−0.385 **	−0.422 **	−0.413 **	−0.439 **	−0.514 **
STNC	GLDW	0.046	0.120 **	0.109 *	0.053	0.235 **	0.139 **	0.109 *	0.146 **
STNC	GLKC	0.282 **	0.147 **	0.136 **	0.042	0.145 **	0.244 **	0.165 **	−0.025
STNC	GLKU	0.217 **	0.153 **	0.170 **	0.075	0.236 **	0.251 **	0.177 **	0.135 **
STNC	GLNC	0.341 **	0.161 **	0.207 **	0.319 **	0.100 *	0.343 **	0.269 **	0.253 **
STNC	GLNU	0.226 **	0.185 **	0.227 **	0.198 **	0.263 **	0.288 **	0.234 **	0.282 **
STNC	GLPC	0.371 **	0.100 *	0.015	0.342 **	0.064	0.289 **	0.233 **	0.370 **
STNC	GLPU	0.268 **	0.159 **	0.049	0.216 **	0.236 **	0.316 **	0.271 **	0.362 **
STNC	GNUE	−0.186 **	−0.366 **	−0.057	−0.534 **	−0.527 **	−0.204 **	−0.357 **	−0.276 **
STNC	GPC	0.176 **	0.07	−0.154 **	0.211 **	−0.052	0.219 **	0.184 **	0.137 **
STNC	GPUE	−0.113 *	−0.305 **	0.011	−0.625 **	−0.467 **	−0.463 **	−0.221 **	−0.302 **
STNC	HI	−0.097 *	−0.172 **	0.037	−0.282 **	−0.242 **	−0.102 *	−0.267 **	−0.206 **
STNC	KHI	−0.426 **	−0.128 **	−0.170 **	−0.195 **	−0.343 **	−0.296 **	−0.342 **	−0.445 **
STNC	KUpE	0.392 **	0.265 **	0.192 **	0.041	0.336 **	0.207 **	0.195 **	0.520 **
STNC	KY	0.109 *	0.063	0.019	0.024	0.198 **	0.072	0.031	0.131 **
STNC	NHI	−0.456 **	−0.581 **	−0.521 **	−0.741 **	−0.699 **	−0.203 **	−0.419 **	−0.651 **
STNC	NUpE	0.277 **	0.185 **	0.183 **	0.190 **	0.399 **	0.208 **	0.218 **	0.408 **

（续表）

p1	p2	2019 洛阳	2020 洛阳	2019 南阳	2020 南阳	2019 宿迁	2020 宿迁	2019 杨陵	2020 杨陵
STNC	NY	0.096 *	-0.021	0.043	-0.138 **	0.146 **	0.002	-0.064	0.159 **
STNC	PHI	-0.380 **	-0.558 **	-0.372 **	-0.727 **	-0.654 **	-0.519 **	-0.489 **	-0.627 **
STNC	PUpE	0.217 **	0.132 **	0.079	0.219 **	0.357 **	0.182 **	0.170 **	0.389 **
STNC	PY	0.105 *	-0.014	0.003	-0.057	0.165 **	0.425 **	0.504 **	0.749 **
STNC	SDW	0.066	0.078	0.079	0.025	0.291 **	0.042	0.066	0.283 **
STNC	SKUE	-0.498 **	-0.275 **	-0.230 **	-0.370 **	-0.463 **	-0.410 **	-0.477 **	-0.542 **
STNC	SNUE	-0.174 **	-0.252 **	-0.081	-0.452 **	-0.493 **	-0.168 **	-0.339 **	-0.154 **
STNC	SPUE	-0.107 *	-0.152 **	0	-0.445 **	-0.233 **	-0.225 **	-0.119 *	-0.165 **
STNC	STDW	0.081	0.096 *	0.027	0.090 *	0.321 **	0.038	0.095 *	0.336 **
STNC	STKC	0.512 **	0.485 **	0.205 **	0.003	0.175 **	0.342 **	0.353 **	0.524 **
STNC	STKU	0.427 **	0.287 **	0.191 **	0.036	0.323 **	0.188 **	0.195 **	0.560 **
STNC	STNU	0.748 **	0.536 **	0.687 **	0.713 **	0.582 **	0.434 **	0.443 **	0.779 **
STNC	STPC	0.847 **	0.806 **	0.553 **	0.864 **	0.865 **	0.735 **	0.861 **	0.734 **
STNC	STPU	0.700 **	0.561 **	0.466 **	0.674 **	0.539 **	0.007	-0.016	0.208 **
STNU	GKUE	-0.479 **	-0.267 **	-0.340 **	-0.429 **	-0.415 **	-0.283 **	-0.491 **	-0.535 **
STNU	GLKU	0.268 **	0.521 **	0.307 **	0.467 **	0.406 **	0.460 **	0.660 **	0.411 **
STNU	GLNU	0.472 **	0.705 **	0.579 **	0.555 **	0.668 **	0.561 **	0.709 **	0.563 **
STNU	GLPU	0.455 **	0.664 **	0.377 **	0.531 **	0.680 **	0.522 **	0.692 **	0.602 **
STNU	GNUE	-0.194 **	-0.524 **	-0.107 *	-0.451 **	-0.473 **	-0.541 **	-0.413 **	-0.340 **
STNU	GPUE	-0.115 *	-0.459 **	0.001	-0.563 **	-0.430 **	-0.501 **	-0.205 **	-0.347 **
STNU	KHI	-0.449 **	-0.264 **	-0.315 **	-0.293 **	-0.422 **	-0.269 **	-0.456 **	-0.457 **
STNU	KUpE	0.661 **	0.877 **	0.500 **	0.215 **	0.667 **	0.843 **	0.906 **	0.805 **
STNU	KY	0.380 **	0.469 **	0.085	0.447 **	0.471 **	0.409 **	0.395 **	0.320 **
STNU	NHI	-0.480 **	-0.725 **	-0.609 **	-0.667 **	-0.649 **	-0.581 **	-0.463 **	-0.685 **
STNU	NUpE	0.648 **	0.809 **	0.596 **	0.718 **	0.848 **	0.716 **	0.832 **	0.690 **
STNU	PHI	-0.406 **	-0.704 **	-0.525 **	-0.667 **	-0.655 **	-0.648 **	-0.559 **	-0.649 **
STNU	PUpE	0.566 **	0.730 **	0.419 **	0.697 **	0.815 **	0.622 **	0.685 **	0.620 **
STNU	PY	0.444 **	0.554 **	0.306 **	0.413 **	0.523 **	0.883 **	0.958 **	0.894 **
STNU	SKUE	-0.376 **	-0.247 **	-0.171 **	-0.310 **	-0.352 **	-0.201 **	-0.344 **	-0.410 **
STNU	SNUE	-0.103 *	0.076	0.05	-0.112 *	-0.068	0.428 **	-0.031	-0.001

（续表）

p1	p2	2019 洛阳	2020 洛阳	2019 南阳	2020 南阳	2019 宿迁	2020 宿迁	2019 杨陵	2020 杨陵
STNU	SPUE	−0.073	0.194 **	0.125 **	−0.249 **	0.074	0.417 **	0.147 **	0.014
STNU	STKU	0.740 **	0.894 **	0.524 **	0.165 **	0.640 **	0.880 **	0.918 **	0.837 **
STNU	STPU	0.921 **	0.911 **	0.710 **	0.915 **	0.965 **	0.402 **	0.392 **	0.418 **
STPC	GKC	0.283 **	0.058	0.028	0.479 **	0.211 **	0.369 **	0.288 **	0.038
STPC	GKUE	−0.480 **	−0.066	−0.234 **	−0.311 **	−0.363 **	−0.292 **	−0.342 **	−0.436 **
STPC	GLDW	0.077	0.06	0.096 *	0.111 *	0.230 **	0.182 **	0.046	0.102 *
STPC	GLKC	0.302 **	−0.06	0.084	−0.029	0.131 **	0.124 **	0.084	−0.05
STPC	GLKU	0.259 **	0.032	0.093 *	0.112 *	0.227 **	0.209 **	0.09	0.072
STPC	GLNU	0.255 **	0.071	0.099 *	0.200 **	0.255 **	0.237 **	0.149 **	0.184 **
STPC	GLPC	0.435 **	0.104 *	0.396 **	0.442 **	0.112 *	0.294 **	0.265 **	0.319 **
STPC	GLPU	0.330 **	0.103 *	0.340 **	0.322 **	0.267 **	0.330 **	0.230 **	0.280 **
STPC	GNUE	−0.168 **	−0.240 **	0.002	−0.356 **	−0.457 **	−0.144 **	−0.273 **	−0.191 **
STPC	GPUE	−0.122 **	−0.339 **	−0.122 **	−0.714 **	−0.572 **	−0.538 **	−0.232 **	−0.344 **
STPC	HI	−0.118 **	−0.091 *	0.072	−0.197 **	−0.234 **	−0.07	−0.212 **	−0.174 **
STPC	KHI	−0.398 **	−0.063	−0.126 **	−0.105 *	−0.288 **	−0.175 **	−0.253 **	−0.362 **
STPC	KUpE	0.446 **	0.156 **	0.231 **	0.056	0.329 **	0.225 **	0.127 **	0.386 **
STPC	KY	0.174 **	0.059	0.090 *	0.169 **	0.213 **	0.216 **	0.012	0.084
STPC	NHI	−0.418 **	−0.411 **	−0.262 **	−0.640 **	−0.633 **	−0.142 **	−0.331 **	−0.504 **
STPC	NUpE	0.293 **	0.155 **	0.148 **	0.250 **	0.393 **	0.288 **	0.147 **	0.252 **
STPC	NY	0.128 **	0.014	0.081	−0.039	0.148 **	0.155 **	−0.087	0.065
STPC	PHI	−0.446 **	−0.562 **	−0.637 **	−0.753 **	−0.723 **	−0.531 **	−0.495 **	−0.698 **
STPC	PUpE	0.306 **	0.205 **	0.360 **	0.419 **	0.415 **	0.396 **	0.177 **	0.335 **
STPC	PY	0.176 **	0.063	0.220 **	0.126 **	0.197 **	0.671 **	0.531 **	0.832 **
STPC	SDW	0.116 *	0.058	0.139 **	0.130 **	0.306 **	0.143 **	0.02	0.186 **
STPC	SKUE	−0.481 **	−0.145 **	−0.271 **	−0.334 **	−0.388 **	−0.280 **	−0.368 **	−0.452 **
STPC	SNUE	−0.150 **	−0.208 **	−0.029	−0.294 **	−0.391 **	−0.116 *	−0.263 **	−0.071
STPC	SPUE	−0.114 *	−0.289 **	−0.163 **	−0.649 **	−0.365 **	−0.319 **	−0.158 **	−0.229 **
STPC	STDW	0.136 **	0.059	0.077	0.167 **	0.348 **	0.102 *	0.053	0.230 **
STPC	STKC	0.516 **	0.305 **	0.227 **	−0.014	0.156 **	0.232 **	0.268 **	0.419 **
STPC	STKU	0.477 **	0.187 **	0.243 **	0.041	0.317 **	0.202 **	0.131 **	0.427 **

（续表）

p1	p2	2019 洛阳	2020 洛阳	2019 南阳	2020 南阳	2019 宿迁	2020 宿迁	2019 杨陵	2020 杨陵
STPC	STNU	0.699**	0.425**	0.424**	0.681**	0.576**	0.401**	0.364**	0.568**
STPC	STPU	0.846**	0.657**	0.852**	0.828**	0.634**	0.205**	-0.01	0.143**
STPU	GKUE	-0.469**	-0.222**	-0.305**	-0.369**	-0.364**	-0.015	0.096*	0.01
STPU	GLKU	0.294**	0.388**	0.190**	0.397**	0.369**	0.428**	0.305**	0.405**
STPU	GLPU	0.470**	0.540**	0.552**	0.548**	0.625**	0.344**	0.286**	0.367**
STPU	GPUE	-0.117**	-0.463**	-0.108*	-0.645**	-0.467**	-0.033	-0.093*	-0.263**
STPU	KHI	-0.420**	-0.226**	-0.228**	-0.213**	-0.361**	0.025	0.103*	0.167**
STPU	KUpE	0.646**	0.729**	0.441**	0.190**	0.624**	0.595**	0.527**	0.689**
STPU	KY	0.366**	0.407**	0.123**	0.453**	0.406**	0.944**	0.954**	0.889**
STPU	PHI	-0.453**	-0.730**	-0.717**	-0.706**	-0.660**	0.123**	0.242**	0.157**
STPU	PUpE	0.560**	0.694**	0.568**	0.743**	0.772**	0.931**	0.924**	0.958**
STPU	SKUE	-0.388**	-0.204**	-0.222**	-0.302**	-0.313**	-0.130**	0.027	-0.206**
STPU	SPUE	-0.083	0.046	-0.058	-0.444**	-0.031	-0.194**	-0.166**	-0.487**
STPU	STKU	0.713**	0.755**	0.466**	0.144**	0.602**	0.494**	0.476**	0.612**
YIELD	GKC	0.085	-0.059	-0.027	-0.001	-0.106*	-0.096*	-0.191**	0.036
YIELD	GKUE	0.032	0.066	-0.054	0.355**	0.187**	0.086	0.213**	0.187**
YIELD	GLDW	0.489**	0.414**	0.679**	0.509**	0.793**	0.442**	0.385**	0.469**
YIELD	GLKC	0.188**	-0.120**	0.220**	-0.104*	-0.013	0.005	-0.178**	-0.07
YIELD	GLKU	0.347**	0.263**	0.498**	0.484**	0.319**	0.391**	0.271**	0.428**
YIELD	GLNC	-0.136**	-0.199**	-0.088	-0.416**	-0.205**	-0.332**	-0.239**	-0.250**
YIELD	GLNU	0.359**	0.318**	0.427**	0.211**	0.514**	0.268**	0.232**	0.234**
YIELD	GLPC	-0.031	-0.131**	-0.004	-0.277**	-0.230**	-0.219**	-0.373**	-0.161**
YIELD	GLPU	0.300**	0.287**	0.260**	0.193**	0.415**	0.261**	0.199**	0.225**
YIELD	GNC	-0.258**	-0.141**	-0.368**	-0.403**	-0.374**	-0.188**	-0.256**	-0.317**
YIELD	GNUE	0.026	0.138**	0.241**	0.476**	0.261**	0.160**	0.213**	0.228**
YIELD	GPC	-0.210**	-0.092*	-0.293**	-0.176**	-0.395**	-0.138**	-0.231**	-0.172**
YIELD	GPUE	-0.038	0.109*	0.180**	0.236**	0.272**	0.208**	0.109*	0.116*
YIELD	HI	0.363**	0.095*	0.365**	0.435**	0.284**	0.130**	0.243**	0.454**
YIELD	KHI	0.073	0.043	-0.039	0.390**	0.146**	0.071	0.155**	0.227**
YIELD	KUpE	0.650**	0.596**	0.573**	0.246**	0.467**	0.547**	0.486**	0.619**

（续表）

p1	p2	2019 洛阳	2020 洛阳	2019 南阳	2020 南阳	2019 宿迁	2020 宿迁	2019 杨陵	2020 杨陵
YIELD	KY	0. 897 **	0. 726 **	0. 299 **	0. 954 **	0. 960 **	0. 937 **	0. 947 **	0. 878 **
YIELD	NHI	0. 145 **	0. 071	−0. 017	0. 302 **	0. 06	0. 122 **	0. 156 **	0. 130 **
YIELD	NUpE	0. 859 **	0. 815 **	0. 810 **	0. 853 **	0. 873 **	0. 816 **	0. 678 **	0. 814 **
YIELD	NY	0. 894 **	0. 894 **	0. 815 **	0. 950 **	0. 971 **	0. 931 **	0. 942 **	0. 880 **
YIELD	PHI	0. 102 *	0. 047	−0. 095 *	0. 242 **	0. 043	0. 184 **	0. 240 **	0. 149 **
YIELD	PUpE	0. 881 **	0. 840 **	0. 790 **	0. 839 **	0. 887 **	0. 853 **	0. 863 **	0. 839 **
YIELD	PY	0. 903 **	0. 889 **	0. 799 **	0. 966 **	0. 975 **	0. 358 **	0. 307 **	0. 279 **
YIELD	SDW	0. 882 **	0. 768 **	0. 847 **	0. 826 **	0. 867 **	0. 667 **	0. 690 **	0. 763 **
YIELD	SKUE	−0. 099 *	0. 072	−0. 226 **	0. 137 **	0. 057	−0. 035	0. 135 **	−0. 084
YIELD	SNUE	−0. 071	0. 045	0. 110 *	0. 082	−0. 105 *	−0. 013	0. 129 **	−0. 103 *
YIELD	SPUE	−0. 082	−0. 004	0. 069	−0. 194 **	−0. 126 **	−0. 066	0. 007	−0. 216 **
YIELD	STDW	0. 565 **	0. 586 **	0. 486 **	0. 641 **	0. 651 **	0. 363 **	0. 430 **	0. 452 **
YIELD	STKC	0. 249 **	0. 017	0. 183 **	−0. 001	0. 046	0. 125 **	0. 029	0. 310 **
YIELD	STKU	0. 614 **	0. 593 **	0. 483 **	0. 168 **	0. 398 **	0. 424 **	0. 431 **	0. 524 **
YIELD	STNC	0. 028	−0. 047	0. 099 *	−0. 097 *	0. 154 **	−0. 059	−0. 063	0. 153 **
YIELD	STNU	0. 382 **	0. 456 **	0. 396 **	0. 375 **	0. 515 **	0. 344 **	0. 346 **	0. 353 **
YIELD	STPC	0. 065	0. 016	0. 174 **	0. 044	0. 163 **	0. 104 *	−0. 072	0. 085
YIELD	STPU	0. 330 **	0. 417 **	0. 372 **	0. 366 **	0. 433 **	0. 950 **	0. 957 **	0. 897 **

图表索引

参考文献

［1］ 靳桂云. 中国早期小麦的考古发现与研究［J］. 农业考古，2007，8
（30）：11-20.

［2］ 韩一军. 中国小麦产业发展分析［J］. 农业展望，2006（3）：3-7.

［3］ 谭德水，刘兆辉，江丽华. 中国冬小麦施肥历史演变及阶段特征研究
进展［J］. 中国农学通报，2016，32（12）：13-19.

［4］ FANG S，CAMMARANO D，ZHOU G，et al. Effects of increased day and
night temperature with supplemental infrared heating on winter wheat growth
in North China［J］. European Journal of Agronomy，2015，64：67-77.

［5］ RAMIREZ-RODRIGUES M A，ASSENG S，FRAISSE C，et al. Tailoring
wheat management to ENSO phases for increased wheat production in Para-
guay［J］. Climate Risk Management，2014，3：24-38.

［6］ SCHIERHORN F，MÜLLER D，PRISHCHEPOV A V，et al. The potential
of Russia to increase its wheat production through cropland expansion and in-
tensification［J］. Global Food Security，2014，3：133-141.

［7］ 房丽萍，孟军. 化肥施用对中国粮食产量的贡献率分析：基于主成分
回归C-D生产函数模型的实证研究［J］. 中国农学通报，2013，29
（7）：156-160.

［8］ 赵荣芳，陈新平，张福锁，等. 基于养分平衡和土壤测试的冬小麦氮
素优化管理方法［J］. 中国农学通报，2005，21（11）：211-225.

［9］ 张维理，吴淑霞，季红杰，等. 中国农业面源污染形势估计及控制对
策［J］. 中国农业科学，2004，37（7）：1 008-1 017.

［10］ 马立珩. 江苏省水稻、小麦施肥现状的分析与评价［D］. 南京：南京
农业大学，2011.

［11］ 牛新胜，张宏彦. 华北平原冬小麦-夏玉米生产肥料管理现状分析
［J］. 耕作与栽培，2010（5）：1-4，8.

[12]　赵护兵，王朝辉，高亚军. 关中平原农户冬小麦养分资源投入的调查与分析 [J]. 麦类作物学报，2010 (30)：1 135-1 139.

[13]　同延安，EMTERYD O，张树兰，等. 陕西省氮肥过量施用现状评价 [J]. 中国农业科学，2004，37 (4)：1 239-1 244.

[14]　ZHANG F S, CHEN X P, VITOUSEK P. Chinese agriculture：An experiment for the world [J]. Nature, 2013, 497：33-35.

[15]　VITOUSEK P M, NAYLOR R, CREWS T, et al. Nutrient imbalances in agricultural development [J]. Science, 324 (5934), 2009：1 519-1 520.

[16]　徐振华，郭彩娟，马文奇，等. 典型区域粮食作物产量、养分效率和经济效益关系实证研究 [J]. 中国农学通报，2011，27 (11)：116-122.

[17]　SHEIDA Z S, ALEXANDER F B, KEN E G, et al. Residual soil phosphorus as the missing piece in the global phosphorus crisis puzzle [J]. Proceedings of the National Academy of Sciences of the United States of America, 2012, 109：6 348-6 353.

[18]　鲁艳红，廖育林，周兴，等. 长期不同施肥对红壤性水稻土产量及基础地力的影响 [J]. 土壤学报，2015，52 (3)：597-606.

[19]　CUI Z L, CHEN X P, LI J L, et al. Effect of N fertilization on grain yield of winter wheat and apparent N losses [J]. Pedosphere, 2006, 16：806-812.

[20]　FOLEY J A, RAMANKUTTY N, BRAUMAN K A, et al. Solutions for a cultivated planet [J]. Nature, 2011, 478：337-342.

[21]　JIM G. Nitrogen study fertilizes fears of pollution [J]. Nature, 2005, 433：791.

[22]　DAVIDSON E A. The contribution of manure and fertilizer nitrogen to atmospheric nitrous oxide since 1860 [J]. Nature Geoscience, 2009, 2：659-662.

[23]　CLARK C M, DAVID T. Loss of plant species after chronic low-level nitrogen deposition to prairie grasslands [J]. Nature, 2008, 451：712-715.

[24]　ZHAO R F, CHEN X P, ZHANG F S, et al. Fertilization and nitrogen balance in a wheat-maize rotation system in North China [J]. Agronomy

Journal, 2006, 98: 938-945.

[25] Guarda G, Padovan S, Delogu G. Grain yield, nitrogen-use efficiency and baking quality of old and modern Italian bread-wheat cultivars grown at different nitrogen levels [J]. European Journal of Agronomy, 2004, 21: 181-192.

[26] ASHLEY K, CORDELL D, MAVINIC D. A brief history of phosphorus: from the philosopher's stone to nutrient recovery and reuse [J]. Chemosphere, 2011, 84: 737-746.

[27] GUO J H, LIU X J, ZHANG Y, et al. Significant acidification in major chinese croplands [J]. Science, 2010, 327: 1 008-1 010.

[28] BERTRAND A, CHAIGNEAU A, PERALTILLA S, et al. Oxygen: a fundamental property regulating pelagic ecosystem structure in the coastal southeastern tropical pacific [J]. Plos One, 2011, 6: 29 558.

[29] GREGORET M C, ZORITA M D, DARDANELLI J, et al. Regional model for nitrogen fertilization of site-specific rainfed corn in haplustolls of the central Pampas, Argentina [J]. Precision Agriculture, 2011, 12: 831-849.

[30] RAHIMIZADEH M, KASHANI A, ZAREFEIZABADI A, et al. Nitrogen use efficiency of wheat as affected by preceding crop, application rate of nitrogen and crop residues [J]. Australian Journal of Crop Science, 2010, 4: 363-368.

[31] MOLL R H, KAMPRATH E J, JACKSON W A. Analysis and interpretation of factors which contribute to efficiency of nitrogen utilization [J]. Agronomy Journal, 1982, 74: 562-564.

[32] CASSMAN K G, DATTA S K D, AMARANTE S T, et al. Long-term comparison of the agronomic efficiency and residual benefits of organic and inorganic nitrogen sources for tropical lowland rice [J]. Experimental Agriculture, 1996, 32: 427-444.

[33] CORMIER F, FAURE S, DUBREUIL P, et al. A multi-environmental study of recent breeding progress on nitrogen use efficiency in wheat (*Triticum aestivum* L.) [J]. Theoretical & Applied Genetics, 2013, 126: 3 035-3 048.

[34] CRASWELL E T, GODWIN D C. The efficiency of nitrogen fertilizers applied to cereals in different climates [J]. Advances in Plant Nutrition, 1984, 1: 1-56.

[35] NOVOA R, LOOMIS R S. Nitrogen and plant production [J]. Plant & Soil, 1981, 58: 177-204.

[36] 杜保见, 郜红建, 常江, 等. 小麦苗期氮素吸收利用效率差异及聚类分析 [J]. 植物营养与肥料学报, 2014, 20 (6): 1 349-1 357.

[37] 李艳, 董中东, 郝西, 等. 小麦不同品种的氮素利用效率差异研究 [J]. 中国农业科学, 2007, 40 (3): 472-477.

[38] 朱新开, 郭文善, 朱冬梅, 等. 不同基因型小麦氮素吸收积累差异研究 [J]. 扬州大学学报, 2005 (3): 52-57.

[39] 徐晴, 许甫超, 董静, 等. 小麦氮素利用效率的基因型差异及相关特性分析 [J]. 中国农业科学, 2017, 50 (14): 2 647-2 657.

[40] 张旭, 田中伟, 胡金玲, 等. 小麦氮素高效利用基因型的农艺性状及生理特性 [J]. 麦类作物学报, 2016, 36 (10): 1 315-1 322.

[41] RATHORE V S, NATHAWAT N S, MEEL B, et al. Cultivars and nitrogen application rates affect yield and nitrogen use efficiency of wheat in Hot Arid Region [J]. Proceedings of the National Academy of Sciences India, 2016, 87: 1-10.

[42] QUARRIE S A, STEED A, CALESTANI C, et al. A high-density genetic map of hexaploid wheat (*Triticum aestivum* L.) from the cross Chinese Spring × SQ1 and its use to compare QTLs for grain yield across a range of environments [J]. Theoretical and Applied Genetics, 2005, 110: 865-880.

[43] BRANCOURT-HULMEL M, DOUSSINAULT G, LECOMTE C, et al. Genetic improvement of agronomic traits of winter wheat cultivars released in France from 1946 to 1992 [J]. Crop Science, 2003, 43: 37-45.

[44] 黄芳, 韩晓宇, 王峥, 等. 不同年代冬小麦品种的产量和磷生理效率对土壤肥力水平的响应 [J]. 植物营养与肥料学报, 2016, 22 (5): 1 222-1 231.

[45] 张运红, 申其昆, 杜君, 等. 不同小麦品种氮素利用效率特征差异的研究 [J]. 麦类作物学报, 2017, 37 (11): 1 503-1 511.

［46］ 郭程瑾，李宾兴，王斌，等．不同磷效率小麦品种的光合特性及其生理机制［J］．作物学报，2006，32（8）：1 209-1 217.

［47］ 衣文平，朱国梁．主要粮食作物轻简高效施肥技术［M］．北京：中国农业出版社，2017.

［48］ MAHDI G，SEYED M. Interaction of water and nitrogen on maize grown for silage［J］. Agric. Water Manage，2009，96：809-821.

［49］ SINCLAIR T R，PINTER P J，KIMBALL B A，et al. Leaf nitrogen concentration of wheat subjected to elevated and either water or N deficits［J］. Agric. Ecosyst. Environ，2000，79：53-60.

［50］ MORALA F J，TERRÓNB J M，REBOLLO F J. Site-specific management zones based on the Rasch model and geostatistical techniques. Computers and Electronics in Agriculture，2011，75：223-230.

［51］ 赵士诚，沙之敏，何萍．不同氮肥管理措施在华北平原冬小麦上的应用效果［J］．植物营养与肥料学报，2011，17（3）：517-524.

［52］ 郑网宇，陈功磊，李传哲，等．测土配方施肥对小麦产量及氮肥利用率的影响［J］．农业与技术，2019，39（23）：1-3.

［53］ 巫振富，赵彦锋，程道全，等．基于地理加权回归的小麦测土配方施肥效果空间分析［J］．土壤学报，2019，56（4）：860-872.

［54］ 卢闯，王永生，胡海棠，等．精准农业对华北平原冬小麦温室气体排放和产量的短期影响［J］．农业环境科学学报，2019，38（7）：1 641-1 648.

［55］ 沈善敏．长期土壤肥力试验的科学价值［J］．植物营养与肥料学报，1995，1（1）：1-9.

［56］ Halvorson A D，Reule C A，Peterson G A. Long-term N fertiliza-tion effects on soil organic C and N［J］. Agron J，1996，54：276-280.

［57］ 张建军，樊廷录，赵刚，等，长期定位施不同氮源有机肥替代部分含氮化肥对陇东旱塬冬小麦产量和水分利用效率的影响［J］．作物学报，2017，43（7）：1 077-1 086.

［58］ 杨晓梅，李桂花，李贵春，等．有机无机配施比例对华北褐土冬小麦产量与氮肥利用率的影响［J］．中国土壤与肥料，2014（4）：48-52.

［59］ 陈欢，曹承富，孔令聪，等．长期施肥下淮北砂姜黑土区小麦产量稳

定性研究 [J]. 中国农业科学, 2014, 47 (13): 2 580-2 590.

[60] 任科宇, 段英华, 徐明岗, 等. 施用有机肥对我国作物氮肥利用率影响的整合分析 [J]. 中国农业科学, 2019, 52 (17): 2 983-2 996.

[61] 李燕青, 温延臣, 林治安, 等. 不同有机肥与化肥配施对氮素利用率和土壤肥力的影响 [J]. 植物营养与肥料学报, 2019, 25 (10): 1 669-1 678.

[62] Snyder C S, Bruulsema T W, Jensen T L, et al. Review of greenhousegas emissions from crop production systems and fertilizer management effects [J]. Agriculture, Ecosystems & Environment, 2009, 133 (3): 247-266.

[63] 林伟, 张薇, 李玉中, 等. 有机肥与无机肥配施对菜地土壤 N_2O 排放及其来源的影响 [J]. 农业工程学报, 2016, 32 (19): 148-153.

[64] 毕智超, 张浩轩, 房歌, 等. 不同配比有机无机肥料对菜地 N_2O 排放的影响 [J]. 植物营养与肥料学报, 2017, 23 (1): 154-161.

[65] 聂胜委, 张玉亭, 张巧萍, 等. 立式旋耕整地技术规程 (DB41/T 1558—2018): ICS65.060.01/B05 [S]. 郑州: 河南省地方标准公共服务平台, 2018.

[66] 聂胜委, 张玉亭, 汤丰收, 等. 粉垄耕作对潮土冬小麦生长及产量的影响初探 [J]. 河南农业科学, 2015, 44 (2): 19-21, 43.

[67] 聂胜委, 张玉亭, 汤丰收, 等. 粉垄耕作对潮土冬小麦田间群体微环境的影响 [J]. 农业资源与环境学报, 2015, 32 (2): 204-208.

[68] NIE S W, ENEJII A E, HUANG S M, et al. Smash-ridging tillage increases wheat yield and yield component in the Huaihe valley, China [J]. Journal of Food, Agricultural & Environment, 2013, 11 (2): 453-455.

[69] 李轶冰, 逄焕成, 李华, 等. 粉垄耕作对黄淮海北部春玉米籽粒灌浆及产量的影响 [J]. 中国农业科学, 2013, 46 (14): 3 055-3 064.

[70] 韦本辉, 甘秀芹, 陈保善, 等. 粉垄整地与传统整地方式种植玉米和花生效果比较 [J]. 安徽农业科学, 2011, 39 (6): 3 216-3 219.

[71] 靳晓敏, 杜军, 沈润泽, 等. 宁夏引黄灌区粉垄栽培对玉米生长和产量的影响 [J]. 农业科学研究, 2013, 34 (1): 50-54.

[72] 聂胜委, 张玉亭, 汤丰收, 等. 粉垄耕作后效对夏玉米生长及产量的影响初探 [J] 山西农业科学, 2015, 43 (7): 837-839, 873.

［73］ 聂胜委，张玉亭，汤丰收，等．粉垄耕作后效对夏玉米群体微环境的影响［J］．山西农业科学，2016，44（3）：512-516.

［74］ 李轶冰，逢焕成，杨雪，等．粉垄耕作对黄淮海北部土壤水分及其利用效率的影响［J］．生态学报，2013，33（23）：7 478-7 468.

［75］ 吕军峰，韦本辉，侯慧芝，等．农作物粉垄栽培及在旱作农业中的应用［J］．甘肃农业科技，2013，43（10）：43-45.

［76］ 韦本辉，刘斌，甘秀芹，等．粉垄栽培对水稻产量和品质的影响［J］．中国农业科学，2012，45（19）：3 946-3 954.

［77］ 刘贵文，黄樟华，韦本辉，等．粉垄技术对木薯生长发育和产量的影响［J］．南方农业学报，2011，42（8）：975-978.

［78］ 申章佑，韦本辉，甘秀芹，等．粉垄技术栽培木薯中后期结薯情况及产量品质分析［J］．作物杂志，2012，4（2）：157-160.

［79］ 韦本辉，甘秀芹，申章佑，等．粉垄栽培木薯增产效果及理论探讨［J］．中国农学通报，2011，27（21）：78-81.

［80］ 韦本辉，申章佑，甘秀芹，等．粉垄栽培对旱地作物产量品质的影响［J］．中国农业科技导报，2012，14（4）：101-105.

［81］ 韩锁义，秦利，刘华，等．粉垄耕作技术在饲草种植上的应用与展望［J］．草业科学，2014，31（8）：1 597-1 600.

［82］ 韦本辉，甘秀芹，申章佑，等．粉垄栽培甘蔗试验增产效果［J］．中国农业科学，2011，44（21）：4 544-4 550.

［83］ 刘高远，杨玥，张齐，等．覆盖栽培对渭北旱地冬小麦生产力及土壤肥料的影响［J］．植物营养与肥料学报，2018，24（4）：857-868.

［84］ 鲍士旦．土壤农化分析［M］．北京：中国农业出版社，2000.

［85］ HUI X，LUO L，WANG S，et al. Critical concentration of available soil phosphorus for grain yield and zinc nutrition of winter wheat in a zinc-deficient calcareous soil［J］. Plant and Soil，2019，444（1-2）：315-338.

［86］ ZHANG X，LI X，LUO L，et al. Monitoring wheat nitrogen requirement and top soil nitrate for nitrate residue controlling in drylands［J］. Journal of Cleaner Production，2019，241：118 372.

［87］ SEDLAR O，BALIK J，CERNY J，et al. Nitrogen uptake by winter wheat (*Triticum aestivum* L.) depending on fertilizer application［J］. Cereal Res Commun，2015，43：515-524.

[88] FROTEGARD A, TUNLID A, BAATH E. Microbial biomass measured as total lipid phosphate in soils of different organic content [J]. Journal of Microbiological Methods, 1991, 14 (3): 151-163.

[89] 王新新, 张颖, 韩斯琴, 等. 1,3-二氯苯污染底泥的零价铁修复对微生物群落结构的影响 [J]. 农业环境科学学报, 2009, 28 (1): 173-178.

[90] VESTAL J R, WHITE D C. Lipid analysis in microbial ecology: Quantitative approaches to the study of microbial communities [J]. BioScience, 1989, 39: 535-541.

[91] FROTEGARD A, TUNLID A, BAATH E. Phospholipid fatty acid composition, biomass, and activity of microbial communities from two soil types experimentally exposed to different heavy metals [J]. Applied and Environmental Microbiology, 1993, 59: 3 605-3 617.

[92] FROTEGARD A, BAATH E. The use of phospholipid fatty acid analysis to estimate bacterial and fungal biomass in soil [J]. Biology and Fertility of Soils, 1996, 22: 59-65.